〔美〕凯特·怀特 著
KATE WHITE
卢海 译

无惧

女性职场成功手册

THE GUTSY GIRL HANDBOOK

中国妇女出版社

图书在版编目（CIP）数据

无惧：女性职场成功手册 /（美）凯特·怀特（Kate White）著；卢海译 . -- 北京：中国妇女出版社，2020.5（2021.8 重印）

书名原文：THE GUTSY GIRL HANDBOOK

ISBN 978-7-5127-1832-6

Ⅰ . ①无…　Ⅱ . ①凯…②卢…　Ⅲ . ①女性－成功心理－通俗读物　Ⅳ . ① B848.4-49

中国版本图书馆 CIP 数据核字（2020）第 040326 号

著作权合同登记号　图字：01-2019-5139

无惧——女性职场成功手册

作　　者：〔美〕凯特·怀特 著　卢　海 译
责任编辑：王　琳
封面设计：季晨设计工作室
责任印制：王卫东
出版发行：中国妇女出版社
地　　址：北京市东城区史家胡同甲 24 号　　邮政编码：100010
电　　话：（010）65133160（发行部）　　65133161（邮购）
网　　址：www.womenbooks.cn
法律顾问：北京市道可特律师事务所
经　　销：各地新华书店
印　　刷：北京通州皇家印刷厂
开　　本：150×215　1/16
印　　张：15
字　　数：150 千字
版　　次：2020 年 5 月第 1 版
印　　次：2021 年 8 月第 3 次
书　　号：ISBN 978-7-5127-1832-6
定　　价：49.80 元

致黛安·科尔达斯，一位出色的珠宝设计师，一位出色的朋友，也是这个星球上我最喜欢的勇敢女性之一。

目录 — Contents

引言 001

乖乖女的本能 003

来做一个关于乖乖女的测验吧 004

做个乖乖女有什么不好的 005

第一章

勇敢打破规则 013

产生伟大创意的特殊过程 017

做到最佳的两个注意事项 020

如何凭空想出一个好主意 021
在小事上也要做到最佳 024
小心那些泼冷水的人 026
如何有效地打破规则 028
当有人不让你违反规则的时候 029
现在，永远打破常规 029

第二章

树立个人品牌 031

如何用简单三步定义自己的品牌 034
品牌制定与管理 037
后退一步进行评估 039
如何发挥品牌优势 041
必须完全反映品牌特色的13件事 041
现在，出色地建立自己的品牌 043
你在社交媒体上的品牌 046
为什么要做一个全面的品牌 049
当你需要改变品牌的时候 050

第三章

快速行动 053

弄清楚什么是重要的，什么是应该抛弃或忽略的 055

学会做一个控球手 060

如何在一片混沌中找到突破口 062

行动起来的秘密小技巧 063

可能会使你陷入困境的5个原因 064

如何毫无歉意地将工作委托给他人 067

赢得朋友并影响他人 069

在职业生涯中也要做一个控球手 075

给勇敢女性的副业指南 077

注意这件完全不重要的事情 079

第四章

重要的外在表现 081

如何着装才显得游刃有余 084

怎么说话才能达成目标 087

如何去除语气词 089

避免“男人说教” 090
勇敢女性的肢体语言指南 091
说服的艺术 094
如何巧妙地推销自己 097
不要线上联系，要面对面交谈 098

第五章
要求自己想要的 101

为什么你必须要求自己想要的薪酬 103
勇敢女性提要求的方式 106
如何谈定一份不错的起薪 107
难道要求更多不会带来困扰吗 113
考虑要求31项津贴 113
如何谈加薪（或奖金） 116
除了钱，还有4件事你必须提要求 119
进取心、占有欲和坚持不懈 122

第六章

无惧冒险 125

可以冒险，但不能鲁莽 128

在冒险之前要问自己10个问题 129

承担风险能减轻压力 131

如何说服他人承担风险 132

快速失败 133

如何从失败中学习 134

为什么也应该分析胜利 136

做一个风险代理人 137

事实上，每天都要冒险 140

玻璃悬崖风险 141

第七章

不用被所有人喜欢 145

乖乖女担心的事情太多了 148

如何在困难的情况下少担心 150

如何停止把事情个人化 151

如果你真的有什么要担心的怎么办 155

别让他们看着你一个人辛苦 159
勇敢女性接受批评的指南 161

第八章
抓住优势特点 167

小而有力的建立自信的技巧 169
抱歉，不道歉 172
为什么需要高管风度 173
如何在会议上提出一个不被忽视的想法 175
如何阻止被插话 179
学习权力的语言 179
提升影响力的4种方法 182
两个阻碍成功的因素以及处理它们的方法 183
如何让女性力量成为你的秘密武器 185
管理成功 186
你可能比你认为的更有准备 189

第九章

成为一个勇于创新的老板 193

直击要害的老板总是从任务和计划开始 195

领导者要具备的16个大胆的行动 197

最优秀、最勇敢的老板的关键法则 201

杀死鳄鱼，不忘排干沼泽里的水 203

成为这个时代的传奇 204

如何成为最好的利剑 206

当你生气的时候该怎么做 210

可以偶尔为之的两个行为 212

激发强烈的献身精神 212

如何在公司之外成名 214

为什么权利比它看起来更棒 216

第十章

生活指南 219

致谢 227

引言

在开始读本书之前，我想先提一个问题。这是一个非常简单的问题，你只用回答A或者B，但是你的回答可以让你更了解自己。实际上，这样做还能获得更多的好处。了解答案背后的原因，最终可能会改变你的整个职业生涯，让你有可能获得更高的薪水，更快地前进，在公司和发展领域中，获得自己梦寐以求的角色，并感到真正的满足。

听起来不错吧？好，我开始提问了：

假设你应聘成功（也许这是你的第一份工作），在得知自己将获得的薪水时，你是如何回应的？A还是B？

A.“非常感谢您。我真的很想加入贵公司。您希望我什么时候开始工作？”

B.“非常感谢您。我真的很想加入贵公司。但以我的技术水平和经验，以及我可以为这个职位带来的其他价值，我期望的薪水是X。”

如果你回答B，那就太妙了。你采取了勇敢的态度，将其视为一场谈判。我敢打赌你会得到回报。这通常是不难预料的，因为在很多情况下，公司会给你一个较低的数字作为起薪，为花更少的钱做更大的事而留下谈判空间。最终的结果也许没有达到你期望的数字，但这是一个好机会，可以让自己得到更多。研究表明，那些在得到工作时要求加薪的人往往会达到目的。

在要求更高的薪水之后，你希望更进一步，确定该职位的额外待遇，比如签约费（这比大家所想的要更加常见）、报销将来学习的费用、公司的配车或额外的休假。在你要求之前，雇主通常不会提供这些（理想情况下，你还可以确认自己能够得到期望的头衔、职权和资源）。

但是，如果你回答了A，那么你就放弃了和公司谈判的机会。你没有选择勇敢，而是像一个乖乖女一样看待薪资问题。你接受了公司提供的最低薪酬金额，这意味着你虽找到了工作，却错过了最终获得更高的薪水、宝贵的津贴，甚至增强职权的机会。

乖乖女的本能

“坚持下去，”你可能会想，“我没有要求更多，完全是出于一个正当的理由。”比如：

- 我不想给他人留下麻烦或贪婪的第一印象；
- 他们提到公司的预算很紧张，我想要尊重这一点；
- 我才刚刚迈入职场，不值得为了一点钱而自寻烦恼；
- 报价非常好，超出了我的预期。

这些理由听起来是那么回事，但它们通常只是借口。这些就是你的乖乖女本能，它们压制住了你脑中渴望更多的欲望和值得拥有的自信。你时常听到来自父母、老师或者整个社会关于好女孩的言论，这些都影响着你。要求更多的想法让你感到不舒服，或者你担心造成分歧，所以在某种程度上，你试图证明接受这份台面上的收入是合理的。

我不是想打击你。很多女性都会回答A。但重要的是，要注意到当你的乖乖女本能出现时，你将为它付出什么代价。这其中不仅涉及金钱，做一个乖乖女会阻碍你获得自己不仅渴望而且有权获得的成功。

来做一个关于乖乖女的测验吧

也许你认为只是一时失去勇气，才没能进行谈判，平时自己处理事情还是很果断的。那么，我们来看看你如何回答下面这些问题。

是/否

□□上次加薪是你期望的数值吗？

□□你是否因为拥有强大且独特的专业技能而为人所知、受人尊敬甚至被人嫉妒？

□□在过去的三周内，你的老板是否对你的某个想法做出了赞叹的回应？

□□你被委以重任吗？

□□你知道如何在会议上推销自己的想法，并让它们得到认可和批准吗？

□□你能做一个精彩的演讲吗？

□□你是否擅长与试图窃取你的创意或项目的人进行有效的对抗？

□□你的老板是否会任命你为交易代理人？

□□你最近是否做了需要冒很大风险的事？

□□在工作中，你是否很好地避免了被问题（和人）困扰？当你确实遇到需要担心的事情时，你能避免表现出任何焦虑吗？

□□ 你是否被邀请参加公司内部的领导力特殊培训或辅导计划？

□□ 你的老板有没有表露出，由于你在部门内的快速发展，很有可能会升职的想法？

□□ 你觉得自己的工作既有趣又有回报吗？

如果你对其中的几个问题都回答了“否”，那么主导你的便是乖乖女本能。同样，这些本能可能会以意想不到的方式阻碍你。

别担心，下面的内容将帮助你改变这些本能。本书将向你展示如何在职业生涯的所有重要领域中，摒弃那些乖乖女的本能，转而采取一种更大胆的方式向前迈进。

即使你曾有过大胆的行动，本书也能给你提供很多帮助。女性的世界已经发生了很大的变化，但社会中仍不乏阻碍女性成功的障碍，因此反复提醒自己要用勇敢的一面来面对问题，是至关重要的。

做个乖乖女有什么不好的

做一个乖乖女真的有这么多的缺点吗？难道最终获得

胜利的不是乖乖女吗？好吧，如果说我从建立个人品牌、在媒体工作几十年、经营顶级女性杂志的14年中学到了什么的话，那就是乖乖女不会出人头地。

她们多数不会得到大的提升，也不会得到独立的办公室，而且通常她们的年薪不会达到六位数（至少在大多数情况下是这样的）。

为什么会这样呢？

因为好女孩会退缩，认为自己还没有准备好。她们在各种情况下都会低估自己。她们担心不被喜欢，不敢要求自己想要的，而且害怕冒险和违反规则。

勇者将获得大奖。那些不担心自己是否完美、是否准备好、是否被所有人喜欢的女人，才是勇者。她们拥有自己的抱负和闪光点。她们要求自己想要的。她们是敢于冒险、敢于打破规则的人。

别误会，我并不是说不当乖乖女就是要当个坏女人。我也不是鼓励你在考试和训练中作弊、诋毁你的同事，或者为了获得成功而撒谎。我也不是建议你要变得傲慢、粗鲁或者胆大妄为。更确切地说，这本书只是帮你在追求事业成功的过程中采取一种更大胆、更坚韧、更勇敢的方法。

23年前，我写了一本书，名叫《为什么乖乖女不会成功，而勇敢女人会》。我在书中列出了9个策略，我相信这些策略可以帮助女性克服她们的乖乖女倾向，并在很大程度上帮助她们追求想要的东西。这些策略不仅基于我在从事媒体工作时收集到的信息，而且基于许多来自不同领域的成功女性的经验。这些女性要么是我在职业生涯中遇到的，要么是我在写书时采访的。我还为此创办过专栏，即“精益求精”。

促使我写这本书的部分原因是，我意识到勇敢对自己的事业有多大帮助。我做事总有着一股勇敢的闯劲。事实上，在大学四年级的时候，我之所以能在《魅力》杂志的“十佳女大学生”评选中获胜，部分原因是我忽视了竞赛规则。当每个人都被告知要写一篇关于自己未来目标的文章时，为了脱颖而出，我挑衅地写了一篇关于我为什么没有目标的文章（没错，我真的这么干了，而且最终在引人注目的开头之后明确地把它写了出来）。这是我第一次意识到反其道而行可能会有回报。但在职业生涯的早期，我开始压制一些直觉，担心职场中一些人的反应。我花了一些时间才明白，做一个乖乖女只能让你走到这一步，而勇敢的行为最终会有回报。我想和其他女性分享我学到的东西。

我很高兴，这本书成了畅销书，成了许多职业女性的“圣经”。成百上千的人写信给我，说这本书改变了她们的职业生涯，有时她们甚至会来拜访我。对我来说，最美好的时刻之一是一天下午，当我在威廉斯-索诺玛的一家商店购物时，一位30多岁的女士走到我面前，对我说：“因为你，我的收入增加了4万美元，谢谢。”天哪，这让我高兴极了！

尽管我很喜欢读者的反馈，但我真的认为这本书的保质期会很短。事实上，书的最后一段写的是：“虽然我知道出版商不会喜欢我这样写，但我希望在女儿开始她的职业生涯时，这本书已经完全过时了。”我似乎有充分的理由相信这一点。世界在变，女人也在变，我很确定，在20年后很有必要重新写一本关于如何做个勇敢女人的书。

我女儿已经28岁了，虽然目前女性取得了令人难以置信的进步，但我们仍然面临许多障碍。看看这些令人沮丧的数据：

• 美国厄尼斯特公司对各行各业18000多个工作岗位进行了分析，发现“女性薪金的中位值为92美分，而男性为1美元。但是当女性进入管理层，或任何涉及个人、团队监督能力的职位时，男性同龄人每赚1美元，她们仅能获得83美分”；

• 根据非营利组织Catalyst调查的数据显示，在标准普尔500指数公司的所有员工中，女性占44%，而在高管或高级官员、管理职位中，女性只占25%；最高收入职位中，女性仅占9.5%，首席执行官（CEO）职位中仅占4.2%；

• 尽管碧昂丝的歌中唱到女孩们如何“管理世界”，但在写这篇文章时，她的系列香水是由一家高管团队中只有一名女性的公司生产和销售的，该公司的董事会中也只有一名女性。

令人担忧的不仅仅是数据。当我在美国各地的公司和会议上发表演讲时，我都会在演讲结束后与不同领域、不同成就水平的女性交谈。许多人告诉我，她们热爱自己的工作，并且职业生涯难以置信地得到了认可，但与此同时，她们也会感到沮丧，甚至受到阻碍。

这可能与她们工作的文化氛围有关。这些文化氛围充满阻碍和偏见（有时是无意识的，有时不是），尤其当这个领域由男性主导时。你看过加州参议员卡玛拉·哈里斯在2017年的两场参议院听证会上被几名男同事粗鲁打断和斥责的视频吗？我认为，世界上没有哪个女人不曾被男同事打断、谈论、轻视或斥责过。

有时，我会遇到深感沮丧的女性，因为她们仍然不确定如何适应职场规则。她们想知道，自己应该在同事和下属面前表现得多么咄咄逼人（这样才不会有自己的行为受到损害的风险），如何在不被视为泼妇的情况下展现自己的自信，以及需要用什么策略来突破中层管理。我曾在一家大公司（一家家喻户晓的公司）做了一次演讲。在那里有女性告诉我，管理部门是如何不断地为员工提供各种各样的机会，但从来没有给女性员工提供过。

与我交谈的女性都渴望获得一些策略，可以帮助她们获得关注、驾驭办公室政治、有效地给人留下印象、赚取更高的薪水、得到高管层的认可，以及在想要辞职的时候，可以利用来之不易的自信，游刃有余地处理一切事情。

我开始意识到，女性仍然可以从我23年前的书中提出的策略获益。鉴于此，出版商和我决定，是时候更新《为什么乖乖女不会成功，而勇敢女人会》这本书的内容了——为了新一代女性，也为了那些喜欢复习的老读者。于是，这本内容精练、更适合当下职场环境的书出版了。

无论你的年龄和职业水平如何，这些策略都是合适的。即使你是一个带着充沛的信心进入职场的“千禧一代”[1]，这些建议也是有意义的。作为研究不同世代人群的专家，Trendera公司的首席执行官简·白金汉说：“千禧一代的女性希望做她们想做的，这是一件好事。拥有权利感会让你进行前瞻性思考，要求更高，并且不太可能像过去的女人那样解决问题。但是在这种能量和热情之下，如果缺乏经验、缺少技能，可能会使你在关键时刻怀疑自己。你不知道怎么去做那件事。我经常看到千禧一代犹豫不决或手忙脚乱，尤其是在挑战前的最后10秒中。”

我的一个朋友在金融和信息技术界招聘候选人，引出了另一个问题。他说：“我在今天的年轻女性身上看到了优秀的品质，但却没什么战略性。如果你29岁，突然被委托管理

1　千禧一代，美国的一种年龄层划分，指1982—2000年出生的人。

一个56岁的人，你不能盲目大胆。你必须以一种能给自己带来最好结果的方式处理事情。”

这本书将告诉你如何利用自己的优点，在职场取得成功。

勇敢并不能解决你在职业生涯中面临的所有问题。它不会阻止男性在会议或公司中试图打断你，也不会阻止他们试图付给你比男性同事少的薪水，但它会为你提供应对这些情况的策略。它会告诉你如何争取更多的薪水、更高的职位和更好的机会；当事情变得艰难的时候，你如何处理好一切；如何使你的事业茁壮成长。当你做了自己喜欢的事情并得到了回报时，它会成为一种非常令人满意且激动人心的经历。

有件有趣的事我以前从没跟任何人提起过。在写原来那本书时，我也逐渐变得更勇敢。这项工作让我弄清了某些观点，并提供了从其他女性那里听取绝妙策略的机会，使我可以在必要的时候借鉴。当我需要被当头棒喝的时候，我甚至会重读那本书，以确保我真正遵守了所信奉的原则。

那本书出版后不久，我得到了赫斯特公司《红皮书》主编的工作。4年后，公司管理层任命我担任《时尚》杂志主编。这是一份难以置信的、令人兴奋的工作，但要求也非常高。为了成功，我全力以赴地创造出一个又一个大胆的策略。在任期内，我的圈子扩大了30%，让《时尚》杂志坐上了杂志销售榜的头把交椅，并一直持续到我辞职。我还负责管理“时尚”网站、时尚类图书出版和许多其他品牌的扩展。

尽管我热爱我的工作，但6年前我还是决定离开。我一直有点像一只流浪猫，想趁自己还有机会，尝试一种更具创业精神的生活。这是一个大胆的举动，但我高兴极了。我尝试写凶案和惊悚小说，在美国各地进行关于领导力和成功学的演讲。一年中的大部分时间我都住在纽约，但每年冬天我和丈夫会在乌拉圭的家里度过。这就是我所认为的最好的自由。

书中涉及的9条勇敢原则为我带来了丰厚的回报，我知道它们也会为你所用（仅供参考，我已经修改并更新了这9条原则）。随着时间的推移，我想你会发现它们不仅是策略，而且是成功的宣言，将改变你的职业生涯，甚至可以在你的个人生活中发挥很大的作用。勇敢地坚持到底会让你更坚强、更自信，也会让你更有勇气向前走。你会发现做自己更容易，如果你愿意，甚至有一天你会重新塑造自己；或者如果你暂时迷失了方向，你也会重新找到成功的方向。

改变从今天开始，从这本书、从这一刻开始。是时候勇敢地迎接未来了。

♀

第一章

勇敢打破规则

Chapter 1

A Gutsy Girl Breaks The Rules

当我听到成功人士谈论他们的职业生涯时，我总会去留意，为了从他们那里偷得一些建议，供自己使用。在我找到第一份主编工作后不久，于一次活动中，我无意中听到时任《时尚》杂志主编的海伦·格利·布朗谈论成功学（当时我还不知道有一天自己会追随她的脚步），使我甚至有了记笔记的冲动。

“成功的人和不成功的人之间的区别是，”她回答了我迫切想知道的问题，“成功的人工作更努力。”

和她谈话的那群人都点头表示同意。但你知道吗，我一点也不相信她的话，对我来说，这听起来是不对的。

别误会我。我认为努力工作的确是获得成功的一个前提。但很少有人在没有足够的激情、勇气和毅力的情况下，最终获得了令人难以置信的或者强有力的职位。要真正做到成功，我认为需要的不仅仅是这些。当我审视自己的成就，以及我认识的那些非常成功的人的成就时，我发现成功的关键是坚持到底的决心。光做别人让你做的事是不够的，还要把它做好，并在这个过程中努力工作。你必须为公司提出大胆的、创新的、可能具有颠覆性的想法和解决方案，这些想法要打破所谓的规则，发展业务，提高盈利能力，让你脱颖而出，让你的老板惊叹不已。

当你管理一个部门或整个公司时，你需要创造出一个包含许多大胆想法的愿景。

看看海伦！她不仅比周围的人工作更努力。1965年，她创办了《时尚》这本大众杂志，其原先的版本当时已经奄奄一息，是她把它变成了一本醒目、大胆、直率、非常成功的女性杂志，与人们以前见过的任何杂志都不一样。她甚至创造了第一位男性插页模特——在熊皮地毯上的伯特·雷诺兹。那家伙浑身是毛，你甚至分不清他和地毯的边界，但女人们喜欢。这本杂志每个月都在报刊亭脱销。海伦是不达目的不罢休的能手。

你上次让老板惊叹不已是什么时候？你最近一次提出大胆的新想法或新策略是什么时候，即使这个创新与你所在部门或领域的工作方式背道而驰？创新并不一定要与发明脸书（Facebook）相提并论（尽管那不是很好吗），也可以只是一些吸引人们注意的点子，只要它是新鲜的、有创造性的，最终就会为公司带来经济回报。

如果你回答不了上面的问题，那么是时候开始忙碌起来，施展拳脚了。做别人让你做的事，把它做好会让你走得更远，甚至进入中层管理岗位，但这不会给你带来更高的职位或薪水。

我知道达到目标不容易，不是吗？如果你是一个乖乖女，你会本能地守规矩，不违反任何规则。这就是为什么我们经常拒绝打破规则。

乖乖女的本能并不是实现远大理想的唯一障碍，还有忙碌。当我们被工作逼疯，生活处于偏离方向的危险之中时，我们就会倾向于回到从前，用老方式处理新问题。

你如何避免这些因素压抑自己？随着时间的推移，你会发现能让自己一直全速前进的最好方法是非常系统地去做。诚然，创造力往往是偶然产生的，但我相信，你也可以有条不紊地产生想法和见解。我依赖于我创建的一个过程，它让我检查正在做的每一件事，并决定如何把它提高到一个更大胆的水平。我很肯定这对你来说也会是一笔财富。

产生伟大创意的特殊过程

我把这个过程称为“4B”。你可以在项目、想法和活动中使用它。这是一个非常简单的策略，但是它总能引出结果。

以下就是这个策略的具体内容。停下你正在做的事情，往后退一步，问自己下面这四个关键问题，然后用具体的例子来回答它们。

Better：还能更好吗？

Bigger：还能更突出吗？

Bolder：还能更大胆吗？

Badass：还有比这更糟糕的吗？

是的，要问自己会不会变糟，因为突破性的想法常常违反规则和做事的方式。

我给你们举一个我在《时尚》工作时的例子，这样你们就能看到这个过程有多美妙了。一天早上我去上班的时候，我从收音机里听到20多岁的女性患黑色素瘤的概率增长得最快。这个消息很重要。你知道为什么这个概率会激增吗？部分原因是美容晒黑床的使用。我决定在下一期杂志中提醒读者注意这个问题。

但后来我开始问自己：我能把它做得更好吗？我决定不仅启动一个总项目，而且在每个问题中都启动一个分项目，将其作为“安全日晒行动”广告系列的一部分。我们甚至推出了一年一度的“安全日晒行动奖”，该奖项每年都会在一个大型午宴上颁发。

但我并没有就此停住。我一直在问自己，是否可以做得更优秀、更大胆。我们找到美国广播公司（ABC）新闻节目《20/20》，询问他们是否愿意和我们一起做一期关于美黑沙龙的调查栏目。他们欣然接受，并付诸实施。然后，我又打电话给我认识的国会女议员，告诉她这个问题，并问她是否考虑引入可能对此有所帮助的立法。她提出了“晒黑法”，即要求在晒黑床上有更明显的致癌警告。

5年后，“安全日晒行动”取得了不小的成果：在一个主要的调查中，超过50%的读者告诉我们，因为“安全日晒行动”，他们已经改变了日光浴习惯。晒黑法案通过了，并推动了其他相关法案的确立。了不起的《时尚》销售团队已经向那些希望与“安全日晒行动”结盟的公司，出售了价值数百万美元的广告页面。

坚持到底的决心已经得到了大回报。

坚持到底的决心也能给你带来大回报。你可以使用下面的图表来帮助自己引爆任何正在构思的想法或者正在领导的项目。

4B

1.问自己

2.做到最佳的答案

还能更好吗?

怎么做?
什么才能提升效果?

还能更突出吗?

可能的附加选项是什么?
你如何让它运作起来?

还能更大胆吗?

你如何为它增添额外的色彩?

还有比这更糟糕的吗?

如果你把这个想法反过来，用一种完全不同的方式去做，会发生什么?

做到最佳的两个注意事项

1. 这点也是最重要的一点，即要做到最佳，必须推进老板和公司的议程，而不仅仅推进自己的议程（但理想情况下，你可以一举两得）。

2. 你不能总是等着别人批准你做事。你只要去做就行了。俗话说，请求原谅比得到允许要好。我喜欢巴尔的摩市长凯瑟琳·E.普格在2017年夏洛茨维尔骚乱[1]之后，凭借她的紧急处理权，在午夜将该市南方联盟的雕像移走，而不是等着官僚主义的繁文缛节批准才行动。“我觉得哗众取宠和演讲已经够多了，”她在新闻发布会上说，“终结它吧。”

打破规则的人往往没有听起来那么叛逆。许多“规则”之所以存在，是因为它们曾经非常有效，但随着时间的推移，它们很可能变得毫无意义。人们按部就班是出于习惯，因为“这就是我们此刻做事的方式”。还有一些规则或指导

---

1 夏洛茨维尔位于美国弗吉尼亚州中部，早在南北战争期间，其属于南方联盟，故该城市中有很多与南方联盟有关的雕像。由于南方联盟当时反对解放黑人奴隶，所以夏洛茨维尔的一些市民认为这些雕像不利于种族和谐，于是市政府决定移走雕像。但白人至上主义者反对移走雕像，并于2017年8月12日与反对者发生了流血冲突。同样在南北战争时期为南方联盟的巴尔的摩市，也有很多类似的雕像。在得知夏洛茨维尔事件后，该市连夜移走了雕像，避免了流血冲突。

方针是由好心人制定的，但这些人却不幸缺乏技能、天赋或创造力。这类规则中的一部分正开始被打破。

如何凭空想出一个好主意

有时候，做到最佳并不是把现有的想法变得更大胆。你可能没有现成的想法，需要从头开始。这听起来让人望而生畏，对吧？

实际上，有一个很好的策略，可以凭空想出一个好主意。掌握与你工作相关的数据和信息，可以帮你将思维激发出来。如果你足够努力，你会得到什么信息？哪里有可以填补的漏洞？什么可以用来提高你的水平？对此可以先问自己三个关键问题：

- 缺失的是什么？
- 令人沮丧的是什么？
- 如果这样会发生什么？

当然，有时伟大的想法似乎就是凭空产生的，因为显然没有经验数据可以借用。但如果你深入挖掘，你会发现想出这些主意的女性实际上在重整她接触过的信息。据报道，

Spanx[1]的创始人萨拉·布雷克利有一天在堵车时想出了这个极好的公司名字，但这并不是凭空想出来的。她已经对品牌名称做了大量的研究，发现世界上最知名的两个品牌——可口可乐和柯达——都含有很强的k音，这个想法在她的脑海里回荡。她还读到过这样的说法，即特意拼造出的名字比其他现有词汇更容易取得成功，所以Spanks（打屁股）就变成了Spanx。

南希·阿勒姆在过去10年中一直是宾夕法尼亚州利哈伊山谷的主要房地产经纪人（州内共2300人）之一，她工作的方式之一就是不断获取信息。

前不久，阿勒姆面临了一个特别的挑战。她被要求卖掉一套已经断断续续挂牌6年的房子。这处房产坐落在一条美丽的乡村道路的拐角处，所处环境令人惊叹不已，但它的构造相当独特，需要一位独具慧眼的买家。更大的问题是，前一位经纪人未能在非售卖期间将该房产从名单中删除，因此该房产看上去已经在市场上销售了整整6年，这（错误地）表明，它有着严重的问题。

当阿勒姆接手这处房产时，她的做法是先梳理所有可用的数据。然后，她退一步，试图从另一个角度看这件事。她

1　Spanx是美国知名内衣品牌，其创始人萨拉·布雷克利也是福布斯富豪榜上白手起家的女性富豪之一。

说："我认为以不同的方式看待信息是非常重要的。然后再问问自己，可以利用这些信息做什么。"

当阿勒姆仔细研究有关这处房产的数据时，她突然想到了一个关键问题。由于现在的业主对这处房产进行了装修，在另一条路的方向上增加了一个入口，所以使得房产的地址发生了改变。

点子出现了！阿勒姆决定立即把这所房子的地址改成原来的，因为原来的地址从来没有出现过，所以使它看上去像是刚挂牌出售。房子在几个月内就卖掉了。

当你试图为产品或服务构思一个创意时，最好的信息类型之一就是你的客户所面临的困难。去聆听，努力地听。关注那些让人烦恼的事情，然后做出最佳的改变。

同样，JB Talent的首席执行官兼创始人珍·弗曼尼亚克也采用了相似的策略，来改进她在洛杉矶非常成功的名人预订公司。通过倾听客户的意见，弗曼尼亚克了解到，当他们在等待最新消息时，比如某位名人是否会同意在颁奖典礼上担任主持人时，他们容易变得忐忑不安。JB Talent是否已联系这位名人的公关人员？那个公关人员是否为那位名人服务过？名人是否正在考虑提议？有没有后备方案？有时等待使客户变得焦躁。

"在意识到这些对客户来说是多么令人沮丧之后，我决定做一些真正大胆的事情，以使过程变得一目了然，"弗曼尼亚克说，“我设计了一个系统，在这个系统中，我们为每一位接触过的名人创建数字数据卡，然后生成详细的报告，显示我们与哪些出于某些原因而肯定会答应提议的名人交谈过，等等。它非常成功。现在我们允许客户通过安全门户实时访问信息，他们不必等待我们的更新。客户本身也是这个过程的一部分。”

收集信息应该成为你工作的一个重要部分。你掌握的信息越多，就会激发出越多伟大的想法——只要你养成习惯，退后一步，从一个新的角度看待每件事。

有两个迹象说明，你非常害怕做到最佳

如果你在评论别人的伟大想法时说了以下两条言论中的一条，你就是在为自己没有提出任何想法而辩护：

“我不敢相信他们竟然通过了她的提议。”

“我本可以那样做的，但我认为你也不应该那样做。”

在小事上也要做到最佳

有时候你需要一个真正伟大的想法，但你也可以把工作和事业上的那些小事做到最佳。养成习惯，学会从所做的每件事上退后一步来问问自己："有没有更好、更突出、更大胆，甚至更糟糕的方法来做这件事？"

一些例子：

- 如果仅是因为你申请的公司要求用电子邮件发送简历，那么你大可不必这么做。Jobtreks与职业咨询和高管培训公司Weil & Wein的联合创始人兼合伙人特丽·温表示，通过网络招聘申请工作应该包含一种两步走的方式："首先，按照要求提交简历。其次，通过领英[1]联系公司的某个人，避开'黑洞'，直接介绍自己。"

- 你的老板让你"简单地校对报告"，并不意味着你不能添加一些已经整理好的额外信息，而他可能会发现这些信息真的很有用。

- 以前的领导总是在消耗精力的会议室开早餐会，并不意味着你不能在办公室或所有人都能站开的地方开早餐会，你还可以准备一盒甜甜圈！

- 你在讲台上发言时，并不意味着你必须站在讲台后面。如果可以使用领夹式麦克风边走动边演讲，你的演讲不是会显得更有活力吗？

1　领英（LinkedIn）是一家面向全球的大型职业社交网站。

小心那些泼冷水的人

当你全力以赴的时候，总有人劝你放弃。他们可能会因为你想出了一些令人眼花缭乱的主意而感到威胁，他们想看到你失败；或者他们只是墨守成规，不明白你的想法。为了防止这些事情阻碍你，可以试试下面这些方法。

- 在把创意提交给老板之前，不要和你不完全信任的同事分享或“测试”你的创意。
- 一旦你想出了新点子，不要理会诸如“我们以前试过，但没有用”之类的评论。这句话的意思通常是，“我讨厌你有厉害的想法，而我没有”。
- 当你准备启动一个项目时，你也许会希望自己的下属能接受它，但你并不需要他们批准。如果你信任自己的下属，一定要听取他们的意见，但要记住，任何负面或不冷不热的反应都可能只反映了对混乱的恐惧。

当我决定改变《时尚》杂志的格局时，我兴奋地告诉工作人员，它将从一本非常传统的杂志——中间有一堆互不相关的文章，变成一种所有图片和文章都反映同一主题的创意杂志。人们看着我，就好像我宣布的是哥斯拉刚刚在曼哈顿基地登陆。我曾一度怀疑，这到底是不是一个明智的想法，但后来意识到，让他们紧张的只是“变革”本身。我继续努力，杂志的销量在那之后大幅飙升。读者喜欢这本更容易阅读的杂志。

• 抵抗阻力。当你有一个很大胆的想法要付诸实践时，人们有时会试图把你（也许是温和地）从那里拉开，且不一定是恶意的。当厨师菲兰达·怀特决定和她的丈夫杰克（也是一位广受好评的厨师）一起开一家餐厅时，他们希望厨房不仅要在餐厅的前面，而且要正对窗户。“作为厨师，我们大部分时间都待在地下室和后面的房间。我们喜欢公开厨房这个想法，”怀特说，“知道顾客会觉得很兴奋，路过的人也会觉得很兴奋。但当我们与建筑师分享愿景时，他给我们展示了第一套方案——把厨房放在了后面。他说要把风扇、排气装置和所有与厨房有关的东西都放在最前面，既棘手又会增加成本。但杰克和我不断地重申我们的梦想，并把它写在餐巾纸上。我们让建筑师明白，我们不需要其他任何东西。”

他们令人惊叹的餐厅（以美国、智利美食为主）位于马萨诸塞州的牛顿市，叫作“Comedor”。怀特认为餐厅之所以能取得成功，部分原因在于人们喜欢看到厨房的所有运作——无论他们是在餐厅还是在街上。

如何有效地打破规则

如果你开始尝试打破规则——我希望你这么做，你可能会担心自己最终会因此而受到训斥。在我的职业生涯中，我提出过一些被老板质疑的大胆想法，但没有一个让我陷入严重的困境，而且大多数想法都带动了我的职业发展。

- 不断增强自己的能力。如果你已经证明了自己可以处理好基础工作，那么你的一些特立独行的想法可能更易被接受。而老板们期望那些表现好的员工会有一些看似无法实现的创意。
- 成为老板最爱的员工之一。他会让你去实现自己的创意。
- 了解环境。马里兰州退休参议员芭芭拉·米库尔斯基是国会中任职时间最长的女性，她曾告诉我："除非你知道内部运作的方式，否则你无法挑战极限。"
- 如果你的想法真的很出格，给你的老板再准备一个选择。给他想要的，并提出你认为出格的想法作为"新的选择"。
- 如果你的想法确实失败了，那就坦然接受老板的批评。找出问题的根源，并询问老板是否愿意接受修改后的建议。

当有人不让你违反规则的时候

假设你的大胆想法总是被拒绝，那要先问问自己，这些想法是否真的适合你的部门和公司，或者这些想法是否太狭隘。如果你认为这些想法是合适的，那你就是在为一个目光短浅的人工作，而这个人可能总会扼杀你。

我的建议是：完善你的简历，进入一个奖励突破性想法的工作环境。那才是勇敢女性真正发展事业的地方。

现在，永远打破常规

我经常被那些我有幸结识的良师益友，以及那些被我的朋友介绍过来、正面临挑战的人问及职业建议。你知道现在哪类人正越来越多地来寻求指导吗？那些快50岁和快到60岁的女性会突然对自己的职业发展感到不安。她们所在的公司或行业可能正在经历变革，包括裁员，而这些女性觉得自己很容易受到影响，因为她们的薪水更高。你猜怎么着？她们的确更容易受到影响。

在讨论她们的情况时，我经常看到她们不再追求卓越，不再打破规则。她们满足于既得的荣誉，或者依赖于下属的成就。

不要犯这个错误。要每天使用“4B”法！向大家展示你仍然可以用最好的方法打破规则。

勇敢女性的关键词

- 用“4B”法检查每个想法或项目：它是更好、更突出、更大胆，还是更糟糕？在你职业生涯的每一个发展时期都要使用这个方法。
- 小心那些试图冲淡你的大胆想法，或使你完全失去信心的泼冷水的人。
- 如果你是一个领导者，让你的下属看到一个大胆的想法对他们（他们的工作和事业）意味着什么，这样他们就会欣然接受。但你不需要取得他们的认可。
- 永远不要停止打破规则。

♀

第二章

树立个人品牌

Chapter 2

The Gutsy Girl
Decides What She Wants
to Be Famous For
—and Goes After It Fearlessly

2012年，就在我辞去《时尚》杂志的工作后不久，我和两位年轻的美国全国广播公司（NBC）前制片人卡莉·扎金和丹妮尔·韦斯伯格一起坐下来喝咖啡。她们最近为“千禧一代”创办了一个名为“获悉”（The Skimm）的时事平台。它的特色是将新闻条目用一种调侃的、对话式的语气撰写，这将让年轻的订阅用户无须花费大量时间观看或阅读传统媒体，就能了解新闻。她们邀请我加入其中，因为我了解年轻女性消费者的需求。

那天的卡莉和丹妮尔给我留下了深刻的印象，现在更是如此。“获悉”的成功令人印象深刻，它拥有500多万订阅用户（其中80%是20多岁和30多岁的女性），目前还提供新闻之外的其他服务。我特别钦佩的是，卡莉和丹妮尔清楚地知道她们想要以什么来立名，并且每一步都在向着目标前进。她们创造了一个清晰、引人注目的品牌，让女性立刻产生了共鸣。她们的口号/品牌声明说明了一切：“‘获悉’带来智慧享受。我们解读，你们获悉。”

但是，正如“获悉”有一个明确的品牌标识，卡莉和丹妮尔也有个人的品牌标识。她们是聪明、勇敢的企业家，对新闻充满热情，希望让年轻人了解最新发展。

我相信你一定读过或听说过发展自己的专业品牌标识是多么重要。我第一次听说这个概念是在大约20年前，汤姆·彼得斯[1]在《快速公司》杂志上发表了一篇精彩的文章，题为《你就是品牌》。

随着时间的推移，有些职业策略会变得过时或听起来非常愚蠢，比如“当你面试一个人的时候，问问他对自己未来的看法”或“面试时一定要穿连裤袜”。但彼得斯的建议在当下仍然十分正确：如果你不突出，你就不会得到提升。

也许就像我的一位企业家朋友说的，“你必须选择一条路”。当然，条条大路通罗马。“我热爱艺术和做手术，”医学博士、Marmur Medical总裁兼创始人埃伦·马尔穆尔说，“于是我选择了皮肤外科医生这份职业。”

作为一个勇敢女性，你需要弄清楚要以什么立名，你

1　汤姆·彼得斯，美国作家，被誉为“商界教皇”“管理大师”。代表作有《追求卓越》《重新想象》等。

打算如何脱颖而出。这并不是说你要以最优的成绩立名，而是要重新审视自己的专业领域，发现什么样的工作令人兴奋、有挑战性、有成就感——你要么非常擅长，要么想要成为那样的人。你的重点领域可能很容易随着时间的推移而改变，但是你需要决定现在关注什么，并且在一段时间内，你要以它为目标努力前进，这有助于塑造你的品牌形象。

花点时间对自己进行搜索。发现什么了吗？如果有一些发现，比如你在领英上的个人资料、社交媒体上的个人资料、行业出版物上对你的推荐，那么它们是否一致，而且是否令人信服，反映出你明确的职业身份？看看你的简历，有没有人能很快从中获得你的品牌信息？

如果你对这些问题的回答是否定的，那么是时候决定你的品牌是什么，并开始做出明智的选择以增强它，并向世界推广它。

如何用简单三步定义自己的品牌

要弄清楚自己的品牌是什么似乎很困难，尤其在你刚刚开启职业生涯的时候，但其实这只需要简单几步。记住，你不能被品牌绑死，它可以进化，也可以随着时间完全改变。

那么第一步是什么？宝马集团全球品牌策略师哈帕·哈格多恩说，“列清单”。清单应该反映你的关键资产或特质，或者如汤姆·彼得斯所说的“特性好处”。这些资产或好处应该反映出你对什么充满激情，擅长什么（即使那是一项正在进行的工作）。清单要列7～10条。

在列清单时，哈格多恩建议尽可能真实。“顺其自然，”她说，“深入挖掘并理解你自己，因为只有这样，你才能把它展示出来并与他人分享。拥抱自己的怪癖、棱角和不完美。学习什么让你成为最真实的自己。不要美化自己的清单。”

她指出，强大、成功的品牌在市场上会“花费数百万美元维护自己的真实性与唯一性。这就是品牌魅力的基础，它将消费转化为痴迷。这是无法编造的”。

如果你刚刚大学毕业，正在实习或参加培训项目，你可能会感到不知所措，不确定自己是否有任何实际资产或优势。其实你只需要专注于希望成为的人，专注于正忙着获得的优势和技能。你最喜欢做什么？你什么时候感觉最舒服？什么任务给你最大的满足和刺激？

L2公关公司创始人兼总裁莱特纳·琳赛说，自我评估的一个有用工具是，“问问自己，如果你离开目前的工作，人们会称赞你什么，会想念你的哪些表现”。

直接问别人以了解他们会用什么词来形容你的品牌，也会很有帮助。南希·伯兰德公关公司总裁南希·伯兰德表示：“当你询问与自己有过专业交流的人时，你经常会听到同样的话。这会让你强烈地感觉到别人是如何看待你的才能和资产的。”

当然，如果这些反馈都不符合你对自己的看法，那么是时候对自己进行一番认真的评估了。你希望别人如何看待自己？有什么可能的原因让你不这么认为呢？花点时间弄清楚。

如果你不知道自己想做什么，也不知道自己的品牌应该是什么，我强烈建议你不要拿着纸笔坐在那里，试图弄明白自己想做什么。相反，走出去，不断搜索信息，与人交谈，探究他们的答案，尝试新的经验，主动出击，你顿悟的时刻就会到来。

一旦你有了自己的清单，研究它，将它缩减到一个只有少数关键资产的更短的清单。我个人比较倾向于只保留三种资产。这可能是因为当我接手《时尚》时，它拥有出版界最强大的品牌宣言之一：无所畏惧的有趣女性。这三个词完美地抓住了读者需求和杂志卖点。

一旦你有了属于自己的关键词，就把它们变成一种宣言、一种你的品牌的可辨识标签。当你在建立关系网或面试时，你可以以此为起点来展示自己。

如果你有自己的公司或计划成立一个，你也需要非常小心地建立品牌。确保个人品牌和公司品牌声明相呼应和互补。

品牌制定与管理

下面将会给出一张图表，以便让你更容易地制定和管理自己的品牌。就像我说的，你可以从更大的清单（7～10项资产）开始，逐渐把其削减到3～4项，然后创建一个紧凑的、引人注目的品牌声明。

我用这个技巧为自己目前的演讲事业打造了一份品牌声明。作为一名演讲者，我最初列出的清单中含有7点符合我的资产：前主编，畅销书作家，职业专家/权威，企业家，提倡一往无前（走得更突出、更好、更大胆），精英女性，导师。然后，我把范围缩小到3点，这3点更好地总结了我的专业知识，并具有一定的特殊性，有利于被演讲市场接受：权威，职业生涯和更突出、更好、更大胆。

从中可以很容易地得出我的品牌声明：凯特·怀特是更突出、更好、更大胆的职业生涯权威。

下面，你也可以利用图表定义自己的品牌。

定义你的品牌

核心品牌资产

1.
2.
3.
4.
5.
6.
7.
8.
9.
10.

最佳的三个关键词

1.
2.
3.

品牌声明

后退一步进行评估

你在确定好自己的品牌声明后，还要提出几个关键问题：

- 你感觉真实吗？
- 这是你真正热爱的事情吗？
- 它是否足够独特和具体？

伟大的品牌具备其他品牌所没有的东西。它们并不是要满足所有人的喜好。你需要选择一条行进路线，但不要选择拥挤的那条。你的品牌标识够独特吗？抵制乖乖女想要做好每件事的冲动。

如果你的品牌给人的感觉不够独特，那就考虑如何更专注地打造一个独特的品牌。事实上，考虑一下你不擅长什么是有好处的。当我参加哈佛商学院高管教育项目的女性领导力论坛时，我听到弗朗西丝·弗雷教授就“思考不擅长”的重要性发表了一场精彩的演讲。弗雷是《不寻常服务：如何以客户为核心赢得业务》一书的作者。她在书中强调，伟大的公司会决定放弃什么，因为如果他们擅长所有的事情，就不会有足够的精力去让一件重要的事情变得完美。

可以好好想想“获悉”。这是一个每天都有简短新闻更新的信息平台，其实并不适合所有人。例如，它太过简短，无法吸引婴儿潮一代[1]的新闻迷。这种调侃的语气非常适合二三十岁的女性。

所以决定好你要放弃什么，然后问问自己：

- 可行吗？是的，你想做真实的自己，但也必须确定自己的品牌符合市场需要（除非你有信托基金，并打算以此为生）。正如一位成功的企业家曾经告诉我的，仅仅考虑你想从这个世界上得到什么是不够的，你必须考虑这个世界想从你这里得到什么。你想获得多大程度的经济成功？你能让自己的专业品牌更好地与这个目标保持一致吗？
- 你的品牌会更好、更突出、更大胆，还是会更糟糕？将你的品牌通过“4B”法检验一下。《金·卡戴珊原则》的作者吉坦卓·赛德夫强调，想要取得突破的品牌必须“找到自己与众不同的特点，并加以强化”。你的专业品牌是否足够强大和新鲜？如果不是，你怎么做才能让它变得更好呢？

1　婴儿潮一代指1946—1964年出生的人。

如何发挥品牌优势

既然你已经定义了自己的品牌，就必须掌控它，并坚决地推广它。

珍·弗曼尼亚克表示：“我看到女性常犯的一个错误是，对自己的品牌不够重视。例如，她们在自主创业时，仍然使用旧的雅虎信息介绍网页。如果你要创办自己的公司，你就需要想出一个好名字，一个统一资源定位地址和一个标识。当我决定自己创业时，我就为公司起了一个响亮的名字。因为我知道如果有人要在一个叫珍的自由职业者和一家叫JB Talent的公司之间做出选择时，他显然会选择后者。”

必须完全反映品牌特色的13件事

1. 你的名片。颜色、字体和设计看起来是否专业，是否反映了你的主要资产?

2. 你的信纸。与上面一样。

3. 你的简历。人们通常不细读简历，而是一扫而过。剔除那些不能反映你品牌身份的经历（但不要编造），确保你的品牌关键词经常出现。这就好比进行搜索引擎优化，这样当有人浏览时，他们就能锁定关键的内容（有些公司甚至用软件在简历中搜索与工作相关的特定词汇）。

4. 你的求职信。你的关键词也要出现在这里，不过它们必须与你希望为公司带来什么好处相平衡。求职信不能全是关于自己的展示。

5. 你的数字展示平台。如果你想塑造一个真正的品牌，你的每一个数字足迹都需要是专业的、光鲜的，并能反映你的品牌。当然，我指的既是像Facebook、Twitter和Instagram这样的社交媒体平台（本章后面会详细介绍），又包括看似无关紧要的东西，比如你的电子邮件签名，甚至你在邮件中使用的语气。

6. 你在领英上的个人资料、标题和照片。就像你的简历一样，确保你的个人资料中使用了你为品牌陈述想出的词语。在这里，你应该像在简历和求职信中那样认真地检查语法错误和拼写错误。

7. 你的网站。现如今有这么多方便建构个人网页的平台，比如Squarespace和Wix.com，所以没有理由不投资建构一个网页来展示自己。网站从颜色到标志设计，一切都需要与你在其他方面的展示保持一致。

8. 你的网络空间。考虑自己展示的每一张卡片、照片，发布的每一条消息是否符合个人品牌。

9. 你的印刷品/宣传材料。风格要一致！

10. 你的表达能力。你的语气和风格需要匹配你的品牌！

11. 你的衣橱。不要吝啬，如果你的预算很紧，那就少买一些。只要你选择的东西是精致的，就能塑造个人品牌。

12. 你的发型和妆容。

13. 你的钱包和/或手提袋。

当然，如果你正在创建自己的公司，上面所列的一切都需要反映公司的品牌形象。

现在，出色地建立自己的品牌

清晰地定义自己的品牌，并不仅仅是为了使自己成功。你必须完全接受它、运作它、发展它，并在任何可能的时候加强它。

- 当你在当下的工作中寻找机会时，你的目标是尽可能多地承担任务，这将增强你作为一名拥有专业知识和宝贵经验的员工的职业认同感和声誉。这些任务（以及你由此产生的伟大想法）必须为你的老板和公司的需求服务，但只要有可能，尽量让他们也满足你的需求。
- 在接受升职、调往新部门或开启新工作之前要三思，因为它会以某种方式“充实”你的经历。也许这个机会很好，但要确保你不是简单地想改善一个不需要改善的缺点，而这个机会根本不适合你的品牌塑造。

• 无论你是在建立人际关系还是参加面试，都要以展示自己品牌的方式来谈论自己。你建立的个人展示关键词可能使对话听起来很尴尬，但是要用它来激发你讲述自己的故事（当一位求职者或业务联系人将自己的职业背景写成一个简短但引人入胜的故事时，我总是觉得它很有吸引力）。当曼哈顿的顶级律师苏珊·布伦在社交场合遇到某人时，她不会简单地说"我是一名律师"，而会说："我是一名高管辩护律师。我帮助华尔街和其他高管通过政府调查。我能达成好的审判结果，但最重要的是我能保证我的客户永远不会被起诉。"这让我想雇用她，虽然我没有这方面的需求。

• 自愿参加公司委员会，尤其当那些委员会能给你一个展示自己优势的机会时。努力发挥领导作用。

• 不要在适合你品牌的专业组织中当普通一员。自愿加入这些组织的委员会，并最终发挥领导作用。

• 在工作环境之外寻找任何可能的方法来提高和提升自己的专业技能（比如学习一门课程或参加研讨会），但要确保你的努力符合公司的政策。

• 为你所在专业领域的网站撰写客座博客，或为行业刊物撰写专栏文章或评论，也可以为领英撰写文章（你很有可能需要征得老板的同意）。

• 评论其他博客，了解它们的创建者。

• 如果你有自己的公司，你要创建一个网站，并确保它始终更新并内容新鲜，还要通过提供每周或每月的时事通信来获取相关业务交流。

• 自愿在专业会议上发言或参加小组讨论（如果你有参加会议的记录，就会对此有所帮助）。

• 让自己成为HARO[1]等网站的专家。同样，这可能需要老板的批准。

• 使用社交媒体来提升个人品牌，但不要过于用心，要保持真实。查看公司政策以便更好地发挥此条目优势。

• 为你所在领域的女性举办一场活动，例如在当地餐馆与她们共饮下午茶或共进晚餐，并尽量使活动变得有影响力。

• 寻找不仅擅长提供建议，而且能够提供有关你的品牌领域的专业知识的导师。

• 勇敢地拒绝那些对你的品牌没有任何实际意义的活动。

1　HARO，全称为“Help a Reporter Out”，发源于Facebook上的一个组织，为记者在追踪采访某事时提供专家帮助。

可能你的品牌需要一段时间才能“为人所知”，但你要一点一滴地去做。即使是很小的一步，如果它们是正确的，也能产生影响。“我刚搬到洛杉矶的时候，如果你在谷歌上搜索我，什么也找不到。”编剧萨拉·海沃德说。她曾在莉娜·杜汉姆导演、编剧并主演的HBO有线频道电视剧《衰姐们》中担任编剧兼监制。“从我开始为Hello Giggles[1]这个网站写作的那一刻起，一切都发生了改变。那一年，每当我写一篇文章，我都会在Twitter上获得几十个新的关注者。因为我写的其他关于女性的文章都是合作的，所以有一个可以让我完全按照自己的想法写作的渠道非常重要。”

你在社交媒体上的品牌

正如我之前提到的，你使用的社交平台要反映你的专业品牌，甚至连最细微的细节也要做到这一点，比如你在Facebook上的个人简介和你的Twitter用户名。即使你主要在个人生活中使用社交媒体，情况也是如此。这是因为你的同事或者你希望有一天能一起工作的人可能会使用这些平台。

事实上，这些平台对你的职业发展是一个积极的因素。

1 Hello Giggles是一个专门为女性打造的时尚生活网站。

“社交媒体提供了巨大的职业发展机会，”致力于促进平等的Female Quotient公司战略总监艾玛·史密斯–史蒂文斯表示，“这是让人们了解你是谁，你在办公室之外是什么样子的一种方式，不过你要小心不要过度分享。人们更有可能与他们认识的人做生意，而社交媒体有助于轻松地维持与数百人的关系。”

这其中的关键是什么？史密斯–史蒂文斯说，是要在所有的平台和帖子上保持一致的行为模式。“有凝聚力的描述会让人觉得他们对你有一个真实的了解。确保你不仅要表达自己目前的兴趣，而且要表达你未来的愿望。在很多方面，数字展示平台已经取代了简历，所以展示你的优势，为你自己和你所做的事感到骄傲。”

如果你使用社交平台来谈论工作的方方面面，你应该首先检查一下所在公司的政策与你的分享是否和谐。如果没有相关政策和使用注意事项，你还可以查看公司中的成功人士如何使用Facebook、Twitter、Instagram和Snapchat等平台。

记住，你发布的信息不应该都是关于自己的。初创企业Scout RFP的内容传播高级经理肖恩·迈克尔表示：“不要只做一个推动者。如果使用得当，社交媒体是一种交流，而不是展示你自己的广告牌。参与到讨论中来，评论别人的帖子，分享你读过的一篇好文章，让自己变得对同一领域的其他人有用。”追随你崇拜的人和你梦想中的老板，加入他们所在的领英群组，转发那些你认为有深刻见解的帖子。

最重要的是，要谨慎。迈克尔说："确保你在社交媒体上出现的每一个方面——从照片到图片展示，再到推文——都是你能让任何人看到并了解的，也是让你感到舒服的东西。《哈佛商业评论》最近发表了一篇文章，题为《如何在社交媒体上区分个人化与职业化》，但我认为人们做不到这一点。所以问问你自己，如果你的老板看到你的某个帖子或标题，你会有什么感觉，或者你老板的老板看到了又会怎样。大多数招聘经理可以，并且会在社交媒体上跟踪员工，所以很多招聘机会都是在经理们形成负面印象后被取消的。"

记住，在网上任何地方你都要小心自己留下的痕迹。2017年，耶鲁大学一名院长因几年前在Yelp上发表贬低他人的言论而被解雇。

如果你的老板想在Facebook上加你为好友怎么办？"我会根据具体情况做出决定，"肖恩·迈克尔表示，"总的来说，我认为在你的个人生活和工作之间保持一个健康的划分是有好处的，因此你不应该在社交媒体上添加工作上级。但如果社交媒体与你的工作相关，你可能会想要接受。例如，我的朋友在一家艺术公关公司工作，她利用自己的大量社交媒体流量来推广艺术家活动。但如果你的老板只是爱管闲事，就不要接受这个要求。"

如果老板问你为什么拒绝怎么办？高管培训师特丽·温说："简单地告诉他，你更喜欢把个人生活和职业生活分开。"

为什么要做一个全面的品牌

当今世界变化真是太快了。我看到印刷杂志的销量在短短几年内就开始土崩瓦解，不禁哽咽起来。有时一个领域可能做得很好，但你需要在该领域蓬勃发展的时候开始转变自己的技能。

最近，我与了不起的苏珊·莱恩共进晚餐。她是BBG风险投资公司的总裁兼创始合伙人（她曾任吉尔特集团的董事长和ABC娱乐集团的总裁）。我请她告诉我一条给年轻职业女性的关键建议。你猜她的回答是什么？"要意识到，在你的职业生涯中，你所在的领域会发生多次变化，你需要为此做好准备。"

因此，对你所在领域发生的事情保持警惕，确保你的品牌仍然有效，以及你必须采取哪些措施才能发展壮大，这是非常重要的。特丽·温的建议如下。

• 在你的领域里保持前进所需要的最新技能。

• 即使你没有在找工作，也可以看看招聘信息上与你的工作类似的职位要求。更好的是，看看你老板发布的招聘信息，掌握应聘者需要具备的技能。

• 阅读行业博客。

• 查看你所在行业的特定求职网站。

• 关注并购活动，了解行业趋势、整合和创新。不要落在后面。

要不时地请教本领域前辈的指导与看法，问问他们对你所在行业的发展趋势和职业发展方向的看法。

在职业生涯中，确保自己总在学习倾听。年轻人——无论男女，都会分享对重要趋势和技术的想法，他们总是密切关注动态。关注你所在领域和公司的时尚潮流变化十分重要。你不会想成为公司里最各色的人吧?

当你需要改变品牌的时候

你不能永远依靠同一个品牌。在某种程度上，你可能需要改变或编辑个人品牌，因为外部环境在变。也许你意识到现在的品牌根本不适合自己，或者你被解雇了，想尝试一些全新的东西，又或者你搬去和伴侣一起住，你的品牌在新地方行不通。这就需要提出一个新的特性好处清单，可以用以前的好处作为起点。

《早安美国》育儿频道记者安·普莱西特·墨菲因为丈夫的工作，搬到了伦敦，她必须彻底改造自己。她发现列一张清单非常有帮助，上面列出了她在以前的工作中所热爱的事情，其中包括担任《父母世界》杂志主编多年来的获奖经历。她不久前还获得了心理学硕士学位。

她说："我把自己真正喜欢做的事，以及我觉得最令人满意的事都梳理了一遍。在《早安美国》，我的自我肯定得到了提升，但我在伦敦找电视相关工作时表现出的保守告诉我，这已经不再那么重要了。我意识到，最令我高兴的是与母亲们的联系，倾听她们的故事，并给予她们指导。我喜欢听别人说'这太有帮助了，我就没有想到这一点'或者'你的建议改变了我们的生活'。对我来说，最核心的是想成为一名育儿专家/顾问，以及在家工作的自由。"

如今，墨菲在家里做私人和团体育儿咨询，她很喜欢。

有时候，你会产生自己已经准备好接受改变的感觉，或者得到了一个重新塑造自己的机会，又或者有机会创立自己的公司。

我在自己的生命中有过这样的时刻。尽管我非常喜欢在杂志行业工作，经营着一个像《时尚》一样棒的品牌，但我最终发现，我想拥有一种更具创业精神的工作生活，完全掌控自己的日程安排。当我还在《时尚》工作时，我就开始写凶案悬疑小说和惊悚小说，希望将来能出书和公开演讲。如今，这被称为“小打小闹”，但当时我认为这是“B计划”（这也为我被炒鱿鱼后能有个出路做准备）。

当你出现下面这些情况时，也许是时候换一个新品牌了。

- 你感到十分无聊。
- 你极度嫉妒朋友或前同事正在做的事。
- 市场上已经充满了拥有类似品牌的人。

去做吧。大胆地改变自己的品牌。

勇敢女性的关键词

- 通过列出7～10个特征来定义自己的品牌。
- 让一切都能反映自己的品牌。从个人网站到所穿的鞋子。
- 不要害怕在某件事上做得很差。
- 记住，你不必永远保持同一个品牌。

第三章

快速行动

Chapter 3

A Gutsy Girl Knows How to Hustle

到目前为止，我一直在说要了解能使自己出名的特质，以及在你的想法上做大、做强的重要性。本章会讨论关于忙碌的话题——人要以一种聪明、勇敢的方式忙碌。

一个勇敢的女性知道如何努力、注重核心目标，并迅速行动，寻找意想不到的机会，而不是过于担心一些事情不够完美，或者某些任务处理的速度不如别人——因为一些不是真正重要的事情而拖慢了进度。

忙碌是帮助你实现目标的方式。

乖乖女通常都不是急躁的人。她们等待他人告知要做什么，花费大量时间（或者困扰）在周期性的任务中，并在不断追求尽善尽美中担心自己如果动作太快了，会不会遗漏什么或将事情搞砸。她们总会答应所有的要求。

时间管理和效率专家朱莉·摩根斯特恩表示：“做一个‘应声虫’会使人形成惰性。你在试图向别人展示自己是不可或缺的，不仅对你的老板，而且对其他部门的要求也是有求必应。但如果你陷入这种乖乖女的心态中，把自己的价值建立在这些上面，它就会损害你自己的核心价值，没有时间去做你最擅长的事情。”

如果你的乖乖女倾向已经让你陷入困境，那么是时候走出来，开始忙碌了。你必须决定什么对自己来说是最重要的，像处理着火的房子一样处理那些重要的事情，而不要对其他事情过于在意。

弄清楚什么是重要的，什么是应该抛弃或忽略的

你可能已经养成了用待办事项清单开始一项任务或项目的习惯，因为待办事项清单很有用。你思考自己的目标，然后找出必要的步骤。但是，不要相信你待办事项清单上的一切。可能有一些事情要么是不必要的，要么是可以或应该由别人来做的，却占用了你太多的时间和精力。

珍·弗曼尼亚克创办JB Talent时，每天的第一件事就是专注于新业务的关键方面——获取客户。另外，她还把下午3点到6点的时间用来处理记账工作。她不喜欢这些工作，但必须完成。那时她还是个光杆司令，没有人可以委托。但有一天，弗曼尼亚克终于退了一步，意识到自己记账是在浪费

宝贵的时间。是的，这对她来说是必要的，但不是必需的。“我发现，我实际上可以以每年2万美元的价格聘请一名自由会计，这在一方面是一笔很大的钱，但如果我利用下午晚些时候的时间来招揽客户，我赚的钱将远远超过我支付给会计的费用。对于我来说，把时间用在我最擅长的事情上才是更明智的。”

定期从你正在做的事情中抽身出来，评估这些任务对你实现公司目标和自己的目标是否必要。

“你所寻找的，是你被聘请来创造的东西和你的个人品牌的融合。”《纽约时报》畅销书作家摩根斯特恩说。她写过六本书，其中包括《由内而外的组织》。“你的老板和公司是如何用收入来衡量成功和结果的呢？另外，你独特的技能和才能是什么？是什么让你真正不可或缺？”

如果你意识到自己不能百分之百确定，你的老板在这个特定的时刻是如何看待成功的（这是可以改变的），安排一个时间和他谈谈。说你想和他谈谈，关于他认为你在此时此地要实现的最重要的目标是什么。

想想自己的目标，你想在自己的专业品牌方面关注什么。一旦你明确了老板给你的目标和自己的目标，用下面的表格来帮助自己确定哪些应该列入待办事项清单，哪些不应该。

关键是每周都要问自己这些问题，而不是每月或每年，因为不重要的任务会慢慢进入你的日程表。

检测要点

对待办事项清单上所列的每件事都问问自己以下这些问题。

这真的是我现在应该做（想做）的事情吗？

是 ☐　☐ 否

如果不是，我应该做什么？

____

____

这次活动真的能让我更接近我的工作目标，并且提升我的品牌吗？

是 ☐　☐ 否

如果不是，怎样更好地利用我的时间呢？

____

____

我可以把这件事情交给别人去做吗？

是☐ ☐否

如果可以，给谁？

如果不可以，为什么？

再多想想。

这真的能让下属、自由职业者、虚拟助理、旅行社、时薪20美元的大学生、苹果Siri或亚马逊Alexa等智能助手承担吗？

是☐ ☐否

如果不能，那么这真的是必须做的事情吗？

☐是 ☐否 ☐没有这样想过

如果不做，最坏的结果会是什么？

当心那些因为连锁反应，而作为“副产品”出现在你的待办事项清单上的、看似有价值的项目和活动，它们实际上没有任何意义。尽管它们中的一些可能会得到回报和提升，但它们更可能会狡猾地使你偏离主要任务。公关专家南希·伯兰德与一些出色的作家合作，随着她们取得的成功越来越多，这些作家的工作时间也开始随着涟漪效应而延长。伯兰德说：“我有一个非常棒的客户，读者们都很喜欢她，没过多久，她就成为做演讲的热门人选。她有时一天要参加几次演讲，这真的开始转移她的注意力。在这种情况下，我鼓励人们问自己这样一个问题：‘我真正想成为什么样的人？’”

在这种情况下，答案是“作者”，而不是“演讲者”，这迫使作者考虑这些演讲在多大程度上实现了她的目标。“当你是一名作家时，一定程度的演讲当然有利于宣传自己，”伯兰德说，“但你能做的最好的宣传就是再写一本书。”

不断地问自己：“这个活动尽管可能令人兴奋，但它能让我更接近或实现我的目标吗？”

必要时如何说“不”

对除了老板之外的人说：“我很想帮忙（如果是上司，你可以说“我很荣幸被邀请”），但现在我的老板/公司希望我交付某项任务，如果我同时承担这两项任务，我将无法平衡这两项任务。”

对你的老板说：“我确定即使不在我的职责范围内，我也能做好这件事。但我能先和你谈谈我的当务之急吗？”如果可能的话，提出一个替代方案，例如把项目交给其他人，但由你来监督。

学会做一个控球手

一旦你调整好了自己的必需品清单，你可能就会感到压力少了，控制力强了。但仅仅知道问题的本质并决定解决它们是不够的，你还需要成为一名控球手。在篮球运动中，“控球手”指的是在场上跑动，计划得分，总是寻找空位投篮机会的球员。如果空位不存在，他就会创造空位投篮机会。

我见过的最好的控球手之一是艾米·舒默，她是一位演员、作家和笑星。我第一次见到艾米是在她20岁出头的时候，当时她正在和我的丈夫一起表演一出戏剧，扮演一个十几岁的女孩，那时她也表演单人喜剧。

我记得自己完全被艾米在剧中的表演迷住了（不用说，当时我没有盯着我的丈夫看）！她全身心地投入这次演出中。那是一个相当小的剧院，她扮演的也不是主角，但她的表演能量堪比《乱世佳人》中的费雯丽。

几年后，艾米表演的喜剧又让我惊叹不已。我请她在《时尚》为我写一些有趣的文章。那些文章都很棒。然后，我请她为我们推出的一款名为“Cosmo for Men”的应用程序拍摄一系列视频。我们几乎没有给她任何指导，但是这些视频非常搞笑。

艾米的特点是，她总是全力以赴，果断行动，寻找最好的机会，或者创造机会，而不是等待指导。有一次，我邀请她来我家参加晚宴，她穿着一件漂亮的礼服，头发和妆容都是专业人士精心打造的。我以为她可能之后要参加另一个活动，但我后来转念一想，也许她只是对自己说：“我永远不知道我今晚会遇到谁，所以我要让自己看起来棒极了。”

作为一名控球手，你必须：

- 开始做重要的事情；
- 准备好做到最优；
- 寻找可能不太明显的职位空缺——如果没有，就自己创造；
- 不要坐等别人告诉你该做什么；
- 不要将事情想得过于复杂；
- 避开无关紧要的任务。

如何在一片混沌中找到突破口

有时当你想表现自己的时候，你可能找不到一个合适的机会。你可能会觉得环境在阻碍自己。那么，是时候找到一个暗藏的突破口了。如果你找不到，勇敢地去创造一个。

我职业生涯早期的一个巨大突破就使用了这种策略。我过去曾任《魅力》杂志的初级撰稿人，写过《如何在周六晚上前消除粉刺》这样的短篇文章。虽然很有趣，但我想在写专栏时留下自己的印记。我向主编提出了写一篇重要报道的想法，他坦率地告诉我（尽管我有研究青春痘的技能），我没有足够的经验来处理这个问题。我花了几个星期的时间试图弄清楚是否有另一种方法来处理这种情况。我决定写一些不依赖研究的东西。尽管杂志不刊登杂文，我还是决定尝试一下。我写了一篇关于纽约单身者的长篇第一人称专题（未经允许）。编辑很喜欢它，尽管它没能入选成为一个由莎拉·杰西卡·帕克主演的电视剧剧本，但这篇文章收到了前所未有的大量反馈，我被告知要继续投稿。我很快就有了自己的专栏。

有时，你可能想要同时创造几个潜在的职位空缺，看看首先会有什么收获。埃伦·马尔穆尔医生说："我总是有多个计划，而不是一个线性的计划。例如，我的实习生涯实际上执行的是B计划，而不是A计划。我本希望（在同一家医院）升到现在的位置，但我知道，一旦我找上司协商一些关键的改变，我就有丢掉工作的风险。在我冒这个大风险之前，我甚至还有第三个选择：为另一家机构工作。就像任何棋类游戏一样，你应该总是尝试预测多种策略，当对方做出决定时，你就会从自己的任何有利位置迅速做出反应。”

行动起来的秘密小技巧

这里有一个关于那些拼命做事的人的小秘密。他们并不总是从头开始，这给了他们一个关键的优势。是的，在必要的时候事情是必须做的，但是不要做得太死，不要担心如果你跳过一些被认为是必须做的早期步骤会被惩罚（如果你在医院或科研机构工作，请忽略这一点）。有时向前跃进会让你更快地朝着目标靠近，也会让你充满活力。

珍·格兰兹在思考如何建设关于雇用伴娘的网站（Bridesmaid for Hire.com）时就是这么做的。珍做过很多婚礼的伴娘，她的衣橱里塞满了成堆的雪纺连衣裙，比她在单身女郎派对上看到的还要多。在这些经历中，她开始注意到一个价值10亿美元的新娘市场缺口。婚礼当天，策划人将处理最后的后勤细节，伴娘也要装扮一番，这意味着周围没有人帮助新娘。珍开始考虑创办一家公司，为新娘在最后一刻提供服务。

现在，开始创业的第一步通常包括征求别人的意见和写一份商业计划书，但是珍决定完全跳过这些步骤。

她说："我知道，如果我告诉别人我想将公司打造成专业伴娘雇用公司，其他人的反应可能会让我泄气，所以我一句话也没说，也尽量不去想太多。相反，我直接去Craigslist分类信息网验证了这个想法。我问女性是否需要这样的服务，她们回复了250封邮件！从那以后，我根据人们想要的东西把邮件分类，然后用这些分类创建我在网站上提供的服务分类。"

有时你不得不跳过一些步骤，因为这是使行动顺畅的唯一方法。

可能会使你陷入困境的5个原因

即使你下定决心要像个控球手一样认真做事，你也可能会陷入困境甚至泥沼。你困在一个项目或报告上，错过了一个很重要的电话，或推迟了重大的决定。思考一下自己是否具有下列情况，然后采取行动。

1. 你把任务定得过于复杂。一位生产力专家教过我的最好的策略之一，就是在项目中“切香肠”，即把一个巨大的项目分解成小步骤。要分到多小？小到足以让每一步都变得如此简单，可以完成。当我开始写我的第一部凶案悬疑小说时，我很担心自己能否坚持下去，所以在头6个月里，我每天只写15分钟。

2. 你没有掌握足够的信息。Trendera公司的首席执行官简·白金汉说，当你看到的信息让你不知道该怎么做时，那就获取更多的信息来帮助弄清问题。假设你刚刚接管了一个部门，你面对的一个关键目标是建立自己的团队。但这个过程比期望的要慢，而且你在决定候选人上有困难。所以，用一组新的问题重新面试你的候选人，或者给他们布置一个测试任务。更多地了解每个人，会帮助你做出决定。

3. 你有太多的事情要做，但无法安排给他人。（具体请参见下一小节）

4. 你在等待老板提供更多的意见，甚至给你前进的机会。在理想的情况下，老板会给你合适的任务和明确的指导方针，但这个概率很小。他可能没有意识到你在等待更多的资源，甚至没有意识到你一开始就想被分配一项特定的任务。去要。

5. 你太努力想让事情完美了。我从不建议干事情草率或有头无尾（这是一个禁忌），但如果你是一个过于追求完美的乖乖女，你的想法将变得陈旧和沉闷，你可能永远不会将想法化为行动。更不用说如果你做事拖拖拉拉，你的老板会有多生气。

如果你听到自己在说下面这些话，那说明你太努力想要做到完美了：

“我正在做最后的润色。”

“我想把它做好。”

“我得把所有的褶皱都熨平。”

“这将非常全面。”

6种节约时间的管理策略

1. 做自己时间的主人。让时间安排符合你的需要，而不是相反。

2. 把任何重要的事情都安排在日程表上，而不是简单地告诉自己，随着时间的推移，你会找到机会去做的。一定要留出大块的时间来想出好点子。

3. 永远不要浪费你的时间（或别人的时间）说：“我会给你答复的。”学会立即做出决定。

4. 永远不要处理一份文件（或电子邮件）超过一次。

5. 将社交媒体和电子邮件限制在一天中的特定时间来处理。最好避免不断地在这些任务和其他任务之间来回切换。摩根斯特恩说：“当你来回切换的时候，你的大脑需要4倍的额外时间来识别它正在进行的每一项任务。”转换会消耗你的时间、精力和脑力。

6. 设定界限。没有人会为你做这件事。例如，如果人们经常在你的办公隔间停下来闲聊，你可以学着说：“我需要在接下来的2小时里专注于我的项目。我们11点半一起喝杯咖啡怎么样？”

所以，放手吧。移动支付公司Square首席财务官萨拉·弗莱尔表示：“不要想得太多。把事情摊开来，看看它是否能引起共鸣。通常情况下，你计划创建的东西并不是你最终得到的，因为与客户的交互可以让你快速获得洞察力和重新思考。只有不完美才能让你学到更多。”

在大多数情况下，你反复推敲的一个想法或项目，一旦付诸实践并收集反馈，它就会变得更好。

如何毫无歉意地将工作委托给他人

如果有人向你汇报工作，不要犯乖乖女的错误，承担他们的一些责任——你也承担不起。

- 与其要求别人做某事，不如指导他去做。尽可能地清晰表达自己的意思，比如说：“请订15份。我今天下午4点就要。”

• 如果任务很复杂，遵循“3个原则”。这种方法是朱莉·摩根斯特恩提出的。“当我授权他人做事的时候，我喜欢告诉对方，‘当在执行任务时，我会寻找以下目标’，然后我会告诉他们3个最重要的目标。这有助于他们集中注意力。”

• 不要过度解释或陷入自己做不到的原因中。

• 在合适的时候，向你要委派的人指出任务的价值。例如：“我想让你代替我参加会议。这将是你认识销售人员的好机会。”

• 相信别人会按照你说的去做。“我很犹豫要不要去度假，”厨师兼餐馆老板菲兰达·怀特说，“但当我度完假回来时，我发现我不在的时候一切都很完美。我信任我的员工。我已经让他们明白了我的要求，所以我不应该感到惊讶。”

• 永远不要让下属把工作委派给你。当你是一名经理时，你的员工会很想把问题推给你，希望你能解决它们。《哈佛商业评论》上有一篇著名的文章将其定义为“传递猴子”，这篇文章得到了很多人的分享。当下属试图把“猴子”（问题）交给你时，你要坚持让他们找出正确的解决方案并与你分享，以获得你的认可。

给实习生的特别提示

即使你不希望将来留在这家公司工作（甚至是在同一个领域），你也应该把实习看作一个建立联系、寻找导师和获得宝贵经验的机会。多年来，我和一些很棒的实习生共事过，其中有几个人我现在还在联系，但也有一些实习生很懒、不成熟，错失了大好机会。记得要让自己每天都做到最好。

赢得朋友并影响他人

当你在工作和事业上进展迅速，产生伟大的想法并出色地实施它们时，你可能没有注意到你的努力对周围人产生的影响。你可能会无意中踩到别人，或者仅仅因为你的发展势头而威胁到别人。

你真的要避免这种情况。和同事建立良好的关系是非常重要的。这不仅会让你的工作在个人层面上更有回报，对你的同事也是如此。

在我职业生涯的中途，我经常从专家那里听到的一条职场智慧：人们是否喜欢你并不重要；相反，你需要人们尊重你。但我不这么认为。我认为在你的职业生涯中，被人喜欢是一个巨大的优势。

当然，不是每个人都会喜欢你，你也不应该成为一个谄媚的人。你永远不应该把自己的决定建立在人们有多喜欢你的基础上。如果你的脸颊因为一整天的微笑而酸痛，你的脖子因为点头而疼痛，那么你可能是在努力取悦他人。但是你赢得的人越多，你的效率就会越高，更不用说职场是一个建立长久友谊，甚至是浪漫关系的好地方了。

以下是一些基本的策略。

对你的上司：努力与上司建立融洽的关系。本·达特纳博士是纽约的一名高管培训师和组织心理学家，也是《工作中的荣誉与责备》一书的作者。他有时会告诉自己的客户，工作中只有3个优先事项：（1）让你的老板看起来不错；（2）让你的老板感觉良好；（3）做好本职工作。

理论上你的老板应该处理好与下属的关系，但不要把一切都留给他做。确定你的老板更喜欢怎样与你沟通，包括他与你见面的时间（多少才算多，多少才算少），以及是否更喜欢发电子邮件，而不是打电话，或是突然出现在他的办公桌前；问清楚最后期限并按时完成；当他给你布置任务时，要做笔记；注意他常用的短语，并考虑其中哪些是他优先考虑的事情；赞美他的想法；要求他提供反馈；接受批评（参见第161页内容）；要求处理更多的项目；在有需要的时候提供帮助；当你在活动中聊天时，向高层赞扬他，说他管理得当；有时当着他的面称赞他，也很重要。

当你换了新老板时，这一点尤为重要。不要认为你的工作是安全的，要表现出你是新老板团队中的一员，对他的议程有所投入，愿意帮助他完成每一步。

当然，最重要的是有出色的表现。你的老板是否会称赞你，让你选择任务，邀请你参加重要会议？正如我之前提到的，你最近有没有让他称赞不已？如果没有，不要问“出什么事了吗”，而要安排时间和老板谈谈，回顾一下他给你设定的目标，确保自己能百分之百地完成任务，并能提出大胆的想法。

记住，尽管你在打造自己的专业品牌，但你的行动必须始终推进公司的目标，让你的老板看起来像个明星般耀眼。这样你最终就会被认为是不可或缺的。

对你的同事：与同事保持良好的关系，无论是在你自己的部门还是在其他部门，不仅有助于让工作更有个人满足感和乐趣，还能激励同事成为你的盟友。在你帮助他们取得成功的同时，他们也能帮助你取得成功。所以，要善待你的同伴；分享信息；倾听并提出问题；在会议中支持他们的想法；履行你对他们的承诺；在团队和委员会中发挥你的影响力。不要谦虚——向他们吹嘘你的成功；不要对别人说他们的坏话；不要泄露他们的秘密。当他们离开时保持联系，因为他们可以成为很好的关系人。

Jamba Juice首席财务官兼行政官、执行副总裁玛丽·佩里表示："尽管我们许多人都认为自己很多元化，但现实是，我们大多数人都有很多的共同点。我发现，与同龄人建立关系和联盟的最佳方式是找到你们之间的联系。我努力寻找每天与同事交流的新机会，无论是在我去打印机上取东西的路上，还是在去开会的路上。"

我有时会听到女性谈论拥有一个工作闺密的重要性，即一个支持你、你也支持她的女性好朋友。真是个好主意。如果有一个女人（或几个女人）真的能与你建立联系，慢慢地交往，看看她是否可以成为你的参谋、一个实现你想法的人，并交换相关的信息。

最后，但并非最不重要的是，要体贴你的下属。他们也可以成为宝贵的盟友。此外，如果你在急于成名时对他们无礼，他们可能会想方设法诋毁你，比如说你的闲话，或者不给你提供需要的信息。

尤其是男性：我有过一些很棒的男上司和很多很棒的男同事，还有几个最亲密的男性朋友是曾经共事过的。关于男性其实不用考虑太多。事实上，工作中接近男性的最佳方式就是顺其自然。休利特基金会副总裁兼首席投资官安娜·马歇尔表示："如果你关注的是男性和女性之间的差异，你就错过了寻找优秀思想伙伴的机会。"

但让我们面对现实吧，与工作上的某些人交流是一个挑战。有些男人自负、脸皮薄，觉得胆大的女孩可能会威胁到他们。这些家伙有时会变成职场上的混蛋——他们把你关在门外，拒绝分享信息，在会议上否决你的想法（然后将这些想法改头换面成自己的），还经常试图算计你。

如果你是在男性主导的环境下工作，情况可能就会更复杂，而且挑战你的人也会很多。在这种情况下，男人往往会形成一种群体思维和数量上的力量。例如，研究表明，如果会议桌旁大部分是男性，女性更有可能被男性打断。

采取预防措施，尽快把男性同事变成你的盟友。下面具体介绍3种策略。

1. 让他们看到你有趣的一面。这使你人性化，让他们在你面前感觉更舒服。亚历山德拉·莱本索尔是一家专注于市政债券的投资服务公司Lebenthal&Co.的首席执行官，多年来一直在华尔街工作，她表示："幽默感不仅用在事后与朋友一起对一件事吐槽，这是一种通过积极运用和表达幽默来与工作中的男性打交道的能力。你不需要成为一个讲笑话的人。相反，分享一些《权力的游戏》中的疯狂剧情，或者如果他非常喜欢自己的金毛猎犬，给他发一个网络上关于狗的有趣帖子的链接。"

2. 保持轻松自然。我认识的一位华尔街女股票明星表示："你不允许任何不合适的事情发生，但与此同时，事情反而会背道而驰。让男人和你在一起工作，他们不会把你拒之门外。”

3. 分而治之。邀请一个人喝咖啡或吃午餐，问问他的个人情况和家庭。如果他开始把你当成工作伙伴，就不太可能会在会议上反对你的想法。

维护好人际关系部分属于“办公室政治”的范畴，这是一种在工作中可以给你带来优势的策略。一定程度的政治是必要的，但陷入其中毫无乐趣，尤其是那种丑陋的政治。除了要聪明地与人打交道，你还可以选择为一个理智的老板工作，避免办公室闹剧，从而避免有害的政治和选择某种类型的工作。我在股市工作的朋友表示：“政治可能意味着拍马屁。弄清楚对某人来说什么是重要的，这样你就能实现它，表示忠心，然后获得升职，赢得赌局。但基于业绩的工作意味着你不必那么政治化，一切都靠白纸黑字写的业绩说话。”

萨拉·弗莱尔对此也有同感：“一位女性导师曾经说过，在男性主导的企业中，加入能够量化的领域是明智的。例如，如果你从事股票交易，你每天都要根据结果评分。那么，你是否会被排除在以男性为主的高尔夫球场的谈话之外，也就无关紧要了。”

在职业生涯中也要做一个控球手

在你的职业生涯的早期，你要尽可能地关注、掌握自己的工作，但同样重要的是，要注意你的品牌和职业，密切关注你的领导，不允许意外发生。在早期，你可能并不清楚自己希望实现什么，这没关系，但是你要积极主动。

• 定期自我剖析。你喜欢自己正在做的事吗？它是否符合你对自己和价值观的总体预期？如果你不确定，可以和其他领域的人谈谈，征求他们的意见，安排探索性的面试（利用联系人、朋友和领英来帮助你建立联系）。

在你的领域里你是否变得越来越满意？还是要定期自我剖析。如果你已经在一家公司连续工作了2～4年，问问自己是否到了跳槽和发展的时候了。这一点是很重要的。在一个职位上做得非常开心，通常是你准备迎接新挑战的第一个暗示。

• 加强你的优势。这是商业顾问、励志演说家、《现在，发现你的优势》一书的作者马库斯·白金汉给我的建议。他相信你通过让自己的优势变得更强可以提升自己。你的缺点是什么？白金汉建议你不要浪费时间去改善这些，而是简单地中和它们或管理它们。

• 永远都不要停止应用网络。你不应该因为有工作而削减社交，反而应该参与大量的网络活动。加入领英群组（思想领袖、专业团体），分享知识，并与你可能无法线下联系的人建立在线关系。如果你依靠领英来了解你所在领域的职位空缺（使用清单列出你的标准），你就能发现你的第一个职位联系人与哪家公司有联系，在合适的情况下，他会要求你提供电子邮件简历。网络也意味着与关键联系人保持在线联系。给他们发送关于你的职业生涯的简短更新，以及他们可能认为有价值的文章和活动的链接，这样你就不会总是简单地去问他们一个“问题”。当别人帮助你的时候，发一封感谢信。一定要这么做!

• 如果你还没有这样做过，那就开始寻找导师或赞助者吧。安娜·马歇尔说：“导师会扩大你的职业网络，让你在那些因为逃避某事而想换工作的不可避免的时刻保持清醒。一位伟大的导师会倾听你的心声，然后让你冷静下来，并意识到，你不喜欢的很多东西，在你能跳槽到的所有其他地方都有可能存在。”她建议，在你职业生涯的第一个十年里，你可以在公司之外找到一位导师，他“在你的职业生涯中发挥着重要作用，拥有广泛的人脉，帮助你思考未来的可能性”。对于你的第二个十年，她推荐一位拥有深厚人脉的外部导师，帮助你扩大自己的人脉。她还建议，随着你职业生涯的发展，找一位内部导师或赞助人——对你工作领域没有直接监督，但对公司足够了解、能够提供真知灼见的资深合伙人或高管。

- 不要只是向导师寻求建议，而是请他作为担保人为你敲开领域的大门。再次提醒，一定要发送一封感谢信，感谢你得到的任何帮助！

如果你的公司有辅导计划，要好好利用。哈佛商学院工商管理学教授戴维·托马斯在他的研究中发现，白人男性高管往往不愿意直接接受年轻女性来指导他们，但他们却渴望指导指定的下属。

- 当你遇到成功人士时，要积极地去结识他们。永远不要错过向他们学习的机会。问自己这样的问题："别人给你的最好的专业建议是什么？""你看到年轻人在这个领域犯的最大错误是什么？""这个领域的什么趋势最让你兴奋？""你最害怕什么？"……

给勇敢女性的副业指南

我非常赞成搞副业（正如我之前提到的，副业曾经被我列为“B计划”）。毕竟，在我的杂志生涯中，我有过两次非常棒的经历（公开演讲和写书），这两次经历都为我后来离开公司创业打下了基础。副业帮助你决定是否有一天想尝试另一条职业道路，如果你现有的职业没有按计划发展，它会给你一个很好的后备选择。

- 如果你想让自己忙起来，但又不知道从哪里开始，那就在自己完全进入状态、注意力集中的时候寻找顿悟时刻。
- 不要不切实际。如果你希望有一天副业最终能赚钱，那就做好准备（也要计算成本），确保你的想法有市场。
- 可以以志愿者的身份进行初步尝试。当我还在杂志社工作的时候，我写了8部凶案悬疑小说，可以说，我非常确定，我想沿着那条路走下去。
- 不要在工作中作弊。我曾经遇到过一位年轻的时尚编辑，她利用实习生和公司的通信服务，创办了自己的服装系列，并帮助自己推出这款产品。这是错误的。骗子会被抓住并付出代价。
- 意识到什么时候可能是最后全力以赴的时刻。“我们早期得到的最重要的建议之一，”“获悉”的联合创始人兼联席首席执行官卡莉·扎金和丹妮尔·韦斯伯格说，“就是如果我们希望有人为我们的创意投资，我们必须先投资。这意味着我们冒着一切风险，要先辞掉工作。这好像如鲠在喉，因为它显然会带来巨大的财务影响，使它成为一个先有鸡还是先有蛋的问题。但最终，如果你想让投资者为你的副业投资，你需要做好辞职的准备。”

• 要知道自己做老板有时并不轻松。在我的职业生涯中，我很早就幻想过自己独立工作，而且我很高兴直到很久以后我才开始这样做。在一家出色的公司里步步高升为我提供了一切，从丰厚的薪水到医疗保健，再到美妙的养老金计划。

注意这件完全不重要的事情

如果你完全被自己的待办事项清单所束缚，只做那些重要的事情，那么工作和生活就不会那么有趣了。让你的大脑恢复活力。一些最好的想法经常产生在你意想不到的地方，或者仅仅是思考的时候。

所以，找一天提前下班，去看场电影，和一个完全不同领域的人共进午餐，做做美甲，换换思路。

勇敢女性的关键词

- 决定什么是最重要的。把注意力集中在这上面，把其他的都抛到脑后。
- 做一个控球手。做到最优，寻找机会，不要等着别人告诉你该怎么做。
- 放弃追求完美的欲望，它只会让你慢下来。
- 即使你很忙，也要开始建立同盟。你需要他们。
- 在职业生涯中，你也要做一个控球手。

♀

第四章

重要的外在表现

Chapter 4

A Gutsy Girl Gets That Appearances Matter

在我经营《时尚》杂志的那些年里，我制定了一个规则，但我的娱乐编辑认为这个规则相当疯狂：我拒绝会见任何我想要她登上封面的名人。

好吧，实际上我对这个疯狂的规则有一个合理的解释。在杂志社工作的第一年里，我发现自己在挑选封面女郎方面很有技巧，这些封面女郎肯定能保证杂志的销量。我遵循了自己制定的策略（通过研究和反复试验），该策略依赖于一个简单的标准：我试着理解读者在某一时期怎样才会对某位名人产生好奇心和迷恋。这和那个名人的个人情况、她的最新电影或专辑有多好、她在社交媒体上有多少粉丝，或者她身材在互联网上引发了多少议论都没有关系。我知道，面对面地与某人见面，并不能了解读者对她有多么好奇。

但有一次我破例了。这位女演员真的很想与我见面（显然是为了登上封面），因为我是她的粉丝，我想这会很有趣，就答应了。她太耀眼了，漂亮的头发、漂亮的脸蛋、漂亮的发型，绝对迷人。她让我眼花缭乱，我违背了通常的标准（好奇心使然），在封面上对她进行了报道。这其中部分原因也是她本人给人的印象很深，但这次报道做得一点也不好。

对我来说，这段经历强化了印象（第一印象或其他印象）的重要性，这一事实对我们的职业生涯有真正的影响。也许仅仅根据我们的技能和经验来进行判断是件好事，但是我们的外表，我们的肢体语言，以及我们说话的方式，在很大程度上影响了别人对我们的反应，甚至以无法识别的方式，在意识层面上给他人造成影响。

想想看，根据研究，不雇用某个人的决定通常是在面试的前5～15分钟内做出的。另一项研究表明，人们通常在30秒内就能获得对他人持久的第一印象。这些快速的印象在一定程度上是建立在我们的穿着打扮、说话方式和举止上的。

虽然这可能显得不公平，但风格往往和内容一样重要，有时甚至更重要。所以，要放弃做那个只希望别人根据你的优点来评判你的乖乖女。有风格和内容会给你很大的优势。你真正在做的只是把你的优点转化成你的外表、声音和第一印象。

如何着装才显得游刃有余

关于女性在职业场合应该如何着装，人们说得太多了，而且总是在变。至少在今天（与我刚开始工作时相比），许多女性对此都感到自由，即使她们的职业有种种要求，她们仍以一种觉得真实的方式穿衣打扮。做你自己，选择你喜欢的服饰。但是记住以下这些原则，才能使你游刃有余。

- 着装要正式。《纽约时报》时尚总监凡妮莎·弗里德曼简单明确地表示："如果你想让别人认真对待你，你最好认真思考自己发出的每一个信号，包括你的着装。"当然，你什么样的着装才能表明你是认真的，取决于你所从事的行业。它可能意味着穿搭风格，从优雅的保守风到追逐时尚，再到休闲帽衫。看看职场中那些有权势、成功的女性，让她们的穿衣风格成为你的指南。

- 按你渴望的工作所要求的风格着装。这是条古老的建议，但仍然有效。如果你的目标是有一天在公司里找到一份比现在的职位更高的工作，那就穿得好像你已经在做那份工作了，甚至在做更高级的工作。不要试图说服自己，既然下属不需要"盛装打扮"，你也不必这样做。如果你不是在每个层面上都扮演好自己的角色，老板就很难想象你升职后会是什么样。提醒你，当你升级衣橱时，你的一些同龄人可能会嘲笑或议论你，但不要让他们的表现阻止你。

• 少即是多。用少量的中性色（比如黑色和米色）内搭来混合搭配，比频繁更换看起来便宜的内搭要好。

• 当你犹豫不决的时候，穿上细高跟鞋或者任何能让你感觉处于巅峰的衣服。当我第一次监督《时尚》杂志拍摄封面时，我惊讶地发现，该杂志的模特为每一套衣服都挑选了一双很棒的高跟鞋，尽管我们的封面几乎从未展示过这位女性的脚。我的设计总监解释，总的来说，我们为封面拍摄的模特都喜欢穿细高跟鞋，因为“这样的高度能给她们一种力量感”。

有些衣服可以做到这一点，而且你的衣橱里可能已经有一些了。也许不是一双细高跟鞋，而是一条特别的项链或一条漂亮的铅笔裙，能带给你自信。当你穿着它的时候，你不仅会感到超级自信，而且你也知道它很有效，因为人们经常称赞你。购买尽可能多的增加你信心的衣物，并在最重要的时候穿上它们。

服饰甚至可以用来表达某个特定的意思。当公关主管德布·施赖弗的老板将她解雇时，德布第二天去上班故意穿了一条红色裙子，涂了红色口红，还特意在自助餐厅请老板吃午饭。“对我来说，这是一种表明一切照常的方式。”她说。

• 塑造标志性的装扮。这不仅会让你的购买更有目标，而且所展现出来的外表也会吸引注意力。这就是梅根·凯利在主持福克斯新闻节目时提升自己形象的方式。在造型师达娜·佩里洛的帮助下，凯莉打造出了一种权威而有力的造型，佩里洛形容这种造型“非常优雅，近乎犀利”。它的特色是定制夹克和注重展示体形的连衣裙，没有褶边和花朵，类似于《纸牌屋》中的克莱尔·安德伍德的风格。它很女性化，但也告诉别人“别惹我”。

• 确保你的发型和妆容也很职业化。剪一个突显个人魅力的发型，一个符合你愿望的发型。让别人给你演示如何化妆，让自己看起来更亮。化妆艺术家、鲍比·布朗化妆品公司前首席运营官鲍比·布朗表示，在化妆时，重要的目的是让自己看起来处于最佳状态。她说：“化妆要自然地突出你的容貌，而且不能让人分心，也不能不适合工作场合。你真正需要的是一种肤色合适的遮瑕膏来提亮你的眼睛，一支合适的睫毛膏，一种漂亮的粉色腮红，使你的脸颊看起来就像你自然脸红时的状态，以及一种唇彩来润色。”

不要说服自己这些无关紧要。这很重要。如果说我在杂志社工作期间从无数张照片中学到了什么的话，那就是你的眉毛应该由真正的专家专业地塑造，这样它们才不会看起来像逗号、蝌蚪或曲棍球棍。外表可以产生巨大的影响。

给实习生的形象小贴士

“按你渴望的工作所要求的风格着装”的建议也适用于实习工作，要明确那份工作不是“大学学习生活”。在你开始面试之前，浏览一下公司的网站，或者向面试官询问着装要求。如果你估计错了，第二天马上调整。

怎么说话才能达成目标

当我们想到自己的形象时，我们很容易把注意力集中在外表上，但是你的声音和说的话也很重要。经济学家、人才创新中心创始人兼首席执行官西尔维亚·安·休利特建议，就像你必须为渴望的工作着装一样，你也要“为渴望的工作说话”。

这意味着要摒弃某些有损你可信度的说话习惯和口头禅。莉莲·格莱斯博士是人类行为、肢体语言和沟通方面的专家，她说在女性身上最常见的说话坏习惯包括以下几点：

- 发音不够清晰；
- 声音里没有能量；
- 夸夸其谈（以问题结尾的陈述，例如：“我是在宣传自己吗？”）；

• 经常使用语气词，比如“嗯”“啊”“你知道的”；

• 音调太高可能意味着缺乏权威（格莱斯建议，说话时要气沉丹田，这样多少会让你的音调降低）。

为了确定你是否养成了这些坏习惯，你可以用手机在会议上偷偷将过程录下来，然后检查并做出必要的调整（参见第91页）。

格莱斯说，女性在说话时犯的最大错误之一就是没有切中要点。这是乖乖女特别容易犯的错误。出于紧张或想要显示自己做了多少准备（或两者兼有），她们在开口说话时会先说许多无用的背景信息。

事先做准备可能很重要，但是把背景信息留到后面，或者当你的老板要求你扩充的时候再说。否则你会失去听众，显得缺乏信心。

不要这样说：“当我参加会议的时候，我听到一些人在谈论加州发生的事情，然后我回去做了一些研究。我注意到一个有趣的趋势——X在加州的销售额增长了9%。也许我们应该做点什么。”

要这样说：“X在加州的销售额增长了9%，我们应该考虑抓住这个机会。”

你应该永远避免使用的短语

注意：要拥有自己的想法；在会议前练习陈述；在分享的时候，要清晰、简洁，不要修饰；千万不要以下列词组或类似的语言开头。

- “也许我们……”
- “我不确定，但是……”
- “我觉得……”
- “我只是想把这个问题甩出去……”或“我只是在这里吐槽……”

如何去除语气词

几乎每个人都有使用语气词的时候。但这会让听者分心，而且如果做得过头，会让你看起来毫无准备，缺乏信心。格莱斯提供了一个防止自己使用语气词的小窍门：在说每句话之后深吸气，等一下，然后呼气，做下一个陈述。深呼吸会避免语气词的使用。

避免“男人说教”

无论你发言的时候感觉有多好，无论你展示主题和自信的专长有多么厉害，有时还是会有人不理解、不认同你的说法，并且试图诠释一个更好的版本，甚至在某些情况下，他们只是简单地重复你所说的。这就是现在所说的“男人说教”，我想我们大多数人都曾被强加于此。

你如何处理这种事取决于涉事的人以及当时的情况。如果是和你一起工作的人，尤其是和你级别相同的人，那么以礼相待可能不会有什么帮助。美国西北大学凯洛格管理学院教授、凯洛格女性高管中心联合创始人兼执行董事、Medvec & Associates首席执行官维多利亚·梅德维克说，如果这种情况只发生过一次，你可能会忽略它。

她说：“但如果有个人经常这样表现，我肯定会想办法解决。我通常会提到我之前的意见，然后说‘就像我之前说的，我绝对同意这个评估或这一点’。如果你的团队中有一位女性同事，你也可以组成一个同盟来解决这个问题，并互相声援对方。”

如果这个人试图用不正确的信息覆盖你的，你可能不得不表现得更强硬。格莱斯博士说：“说话的时候，用一种丰满的音调，用腹部肌肉发力，使声音更加有力。这将有助于显示你的权威性。然后礼貌地告诉他，你欣赏他的投入，但他错了，然后解释原因。”

如果是一个相对陌生的人在做“男性说教”，如果你属于行业专家之一，可以考虑直接反驳他。在华尔街工作的德拉·莱本索尔说，在这种情况下，她认为直接说出来而不表现出愤怒是完全可以的。“做的时候要带着某种程度的困惑和惊讶。比如，你可以说‘哦，天哪，我想我刚被人挖苦了’。这很简单，但很有效！”

勇敢女性的肢体语言指南

我们的肢体语言在别人如何看待我们方面也起着很大的作用。你在谈话或演讲的过程中，很容易忽略自己的非语言表现，但你所接触的人不会错过它们，他们会因此做出某些判断，其中有些是潜意识的。你的肢体语言开始发挥作用，你的手、大量的眼神交流和真诚的微笑（有时也被称为“杜乡式微笑”，即提起嘴角以及脸颊，眼睛眯起来）等都会产生影响。

你的肢体语言能强化你的话语，但也会削弱它们。你可能会对面试官说，你有十年的工作经验，这些经验使你成为这个职位的完美候选人，但是你缺乏眼神交流，这表明你不自信。

关于非语言交流的内容有很多（值得为此专门读一本书或网上的文章），但勇敢女性应该记住以下两点关键。

1. 散发出自信。在工作面试或进行重要演讲时，紧张情绪会让情况变得很棘手。注意自己的肢体语言，并尽可能地控制它。我记得30多岁时，曾为一场重要的演讲做准备。当演讲教练回放我排练的视频时，我惊讶地发现，在演讲的部分时间里，我的手一直扭着。这就好像我的身体在大喊："哦，不，请告诉我，我不需要做这个该死的演讲。"

莉莲·格莱斯说，在特定的情况下，通过调整你的肢体语言，你可能会显得比实际情况更自信。她补充说，这些调整甚至可能让你感觉更自信。

格莱斯认为，要表现出自信，有两个因素需要特别注意：昂首和挺胸。她说："这种肢体语言表明你很强大，不害怕，就像野生动物一样。"不仅站着的时候要遵守这个规则，开会或面试的时候也要遵守这个规则。坐直，不要弯腰驼背。

你和某人眼神接触的次数也是你感觉有多舒服的关键指标。当你听别人说话时，抓住对方的目光。格莱斯说："不过，你得小心，尤其是在面试时，不要做得太过火，眼神交流也不要太激烈。"她建议每隔几秒钟就巧妙地将目光从说话人的眼睛转到他的鼻子，然后是他的嘴，最后是整张脸。

当你感到不确定或有压力时，尤其要避免“自我安慰式小动作”，比如拨弄头发或耳环、舔嘴唇、触摸脖子或搓手。这些会立即向别人发出你紧张的信号。

如果你不想冒着把自己逼疯的风险去思考每个身体部位都能表达什么，这里有一条来自格莱斯的非常简单的智慧：“将目标定为感兴趣，而不是有趣。把注意力集中在别人身上，对方的信息会让你感觉不那么害羞，这将转化为自信。”

2. 散发出热情。那些在杂志行业为我工作的人，后来做了很多很棒的事情，其中有一件事我记得很清楚：他们走进房间，仿佛迫不及待地想开始工作，充满了热情和活力——他们把激情写在脸上。

老板喜欢并奖励激情。充满激情表明你能全身心地投入到工作中，想要成功。面试官也很喜欢有激情的员工。在一项调查中，当被问及求职者最常犯的错误时，55%的受访者表示是精力不足。赫斯特公司负责人才招聘的前副总裁艾略特·卡普兰告诉我，在面试过程中，最具激情、最具吸引力的求职者往往会稍稍坐在椅子边缘。赫斯特旗下拥有《时尚芭莎》和《时尚》等杂志。“姿势有不同的含义，”他说，“面试时的身体姿势或者任何会议上的身体姿势都很重要。坐直身子，身体前倾，看上去很投入，这表明你在面试官面前，对面试官在说什么以及他将如何回应感兴趣。”

从你自己的角度来思考这个概念。不管是象征性的还是实际上的，你会坐在椅子边缘吗？一个在会议上看到你的陌生人会如何评价你的热情程度？

注意别人对你的“5秒印象”

你确定自己留给他人的印象吗？注意别人的小评论，比如“你看起来很累”。这些印象可能不值一提，但也可能表明你每天在别人眼中的形象。如果真是如此，那么就要注意改变自己了。

说服的艺术

在你的职业生涯中，有很多时候你需要用言语来说服别人去做某件事，比如，从你的角度看问题，或者完全改变方向。关于这个主题有很多书，但这里有一个简短的介绍是关于泰勒·斯威夫特所使用的策略。是的，就是那个知名歌手泰勒·斯威夫特。我通常不向泰勒寻求职业建议，但我非常欣赏她的说服能力。几年前，苹果公司决定对其新的流媒体音乐服务提供为期3个月的试用期，在此期间不向表演者、音乐家和制作人支付版税。斯威夫特在博客上给苹果写了一封措辞强硬的公开信，抗议这一决定。诚然，泰勒·斯威夫特拥有我们大多数人永远无法企及的影响力，但她的策略非常出色，值得效仿。

她先表现出对对方的尊重。斯威夫特并没有怒气冲天，也没有贬低她所反对的公司。她将自己的声明命名为“致苹果，爱你的泰勒”，并指出：“苹果一直是，也将继续是我最好的合作伙伴之一。”

尽管你可能不喜欢对方在争论中的立场，但请保持冷静、理性和尊重，否则你会很快调动起对方的防备心。

也试着理解他们的思路。高管培训师、组织心理学家本·达特纳表示：“如果你想说服某人，那么从他们的角度看问题真的很重要。如果你在科技行业，而他们不是，你就不会说他们的语言。尽你所能去理解他们的语言，用他们的语言说话。”

斯威夫特没有把焦点集中在自己身上。如果你的目标在对手看来是为自己服务的，那么你完成任务的可能性要远远小于你在谈论共同目标的时候——也就是你所在组织的目标或者你们共同致力的项目目标。这个目标也可以是比双方的目标都重要的事情。

斯威夫特的信写得很好，并不是一个被宠坏、任性的孩子的抱怨。在我的社交圈里，这封信代表了每一位艺术家、作家和制作人的心声。

她提出了一个有力的比喻。类比，只要不带有敌意或听起来荒谬可笑，就可以帮助对方更好地理解你的观点。

斯威夫特指出："我们不会向你要免费的手机，所以请不要要求我们免费为你提供我们的音乐。"

她清楚地说明了自己的目标。"现在改变这一政策还为时不晚。"她告诉苹果。她的意思是："我现在希望你能解决这个问题。"

仅仅抱怨你不喜欢的事情不会产生任何影响。你需要弄清楚自己想要什么样的结果。

关于说服还有一点。斯威夫特不愿意妥协，所以她从来没有暗示过什么。但对于很多事情，你必须付出一些，否则你将达不到目的。来自长岛的国会女议员凯瑟琳·赖斯是一位备受尊敬的前检察官，她说："我可能在很多问题上和我的对手有很大的分歧，但是我们在谈判桌上要找到少许的共同点，让我们能够共同完成一些事情。如果我忽视了这一点，那么整件事就是在浪费我的时间。"

确定你们可以达成一致意见的领域，讨论这些问题，看看其间的商讨是否对你们双方都有效。

如何巧妙地推销自己

乖乖女最难做到的一件事就是推销自己。她知道这样做是对的，但这样做会让她感到笨拙、尴尬，甚至厌恶。但你必须这么做。相信我，你的老板并不总是知道你的成就。

• 先试着行动起来。其实这真的没什么，男人总是在推销自己。

• 不要觉得必须总是说“我们”。人们鼓励女性以包容的态度突出自己的胜利，比如表达意见的时候，女性习惯说：“好消息，我们说服他们出资1万美元。”当然，“我们”在某些情况下是有效的，特别是当你的团队非常投入的时候。但总是使用“我们”会给人一种超级严肃，甚至令人困惑的印象。有时候，直接宣布就可以了：“好消息，我说服他们出资1万美元。”

• 抓住时机。保险招聘公司中的翘楚——雅各布森集团的执行合伙人玛格丽特·米尔金特表示，推销自己的一个好方法就是让它自然发生。她说：“比如，有一次我收到老板的节日祝福邮件，这成了分享一些我不确定他是否知道的事情的绝佳机会。我告诉他，我很享受待在家里，带着孩子走亲访友，还抽空进行了相关事务的网络调查，以便给自己充电。关键是我创造了一个机会，以一种自然的、有人情味的，但强大的方式分享我的成就！”

不要线上联系，要面对面交谈

本章都是关于言行的，但这一小节里会讲一些有趣的事情。如今，我们并不总是会与打交道的人见面交谈，我们经常依靠网络和短信息来交流，或者至多是打电话。

但如果你真的想赢得人心，那就面对面交流。没有什么比这更有效。

JB Talent首席执行官珍·弗曼尼亚克表示：“有时候你必须走过去与那个人进行面对面的交谈。很多人，尤其是千禧一代，更喜欢通过网络交流，而不是直接面谈。我用很多面对面的时间来创建我的事业。穿一双漂亮的鞋子出现，看起来很棒、自信、专业，这是值得称赞的。要求见上一面，约着喝上一杯，这就是建立关系的方法。这一点在你职业生涯的早期尤为重要。和老板的助理一起吃午饭，他们在你以后的职业生涯中会是很好的联系人。”

勇敢女性的关键词

- 着装要适合你渴望的工作的要求，而不是你现在工作的要求。
- 语言要适合你渴望的工作的要求。
- 当你说话时，切中要点，而不是先描述背景信息，避免使用像“也许我们应该……”或“我有点想……”这样的短语。
- 充分意识到自己的肢体语言所传达的信息。
- 散发自信和热情。

Girls

第五章

要求自己想要的

Chapter 5

A Gutsy Girl Asks for What She Wants

2014年，索尼影视娱乐公司遭到黑客攻击时，大量浮出水面的电子邮件显示，不仅索尼员工，就连明星之间的薪酬差距也令人震惊。一个重要的例子：詹妮弗·劳伦斯获得奥斯卡提名的电影《美国骗局》的片酬不及其他三位男主演中的任何一位，尽管她才是最大牌的明星。

事情被揭露后，劳伦斯在网络平台Leey Letter发表了一篇很不错的文章，其中的观点令人感到惊讶。

“当索尼黑客攻击事件发生时，我发现与那些幸运的家伙相比，我得到的赔偿少了很多。我没有生索尼的气。作为一个谈判者，我很生自己的气，因为我过早地就放弃了。”

我喜欢劳伦斯承担部分责任的方式。现如今在赔偿问题上，女性仍然经常受到不公平的对待，但在某些情况下，我们可能要部分归咎于自己的乖乖女本能。我们没有要求自己想要的，即使我们要求了，表达的时候也不够坚定。

为什么会这样呢？也许在某些情况下，你害怕可能出现的后果。你担心，如果在讨论薪水的时候施加了过大的压力，可能会让对方感到不舒服，甚至会反感自己。劳伦斯承认，有一种想要被喜欢的因素影响了她决定“不战而终”。她不想显得难以相处或被宠坏。她说，从那时起，她就不再试图寻找一种“可爱”的方式既证明自己的观点，又博得他人的喜欢。

就像劳伦斯一样，你需要克服对破坏现状的恐惧，并愿意去追求想要的东西。即使在你认为不应该提要求的时候，你也要大胆地提（不要担心自己会“不讨人喜欢”）。如果一开始遇到阻力，也不要放弃。

当你不提的时候，唯一的结果就是“不”。

为什么你必须要求自己想要的薪酬

30岁的时候，我应聘了一个商业杂志的主编职位。该杂志以女性读者为主，叫作《职业女性》。这家公司的老板答应给我大幅度提薪和部分公司股权。当我接受这份工作的时候，我已经怀孕7个月了，忙得不可开交。这很冒险，我知道。工作了5个月后，在我的坚持下，公司的律师终于把合约文件送过来了，我把它们拿给我的会计鲍勃看。

鲍勃对这些文件不满。他告诉我这些都写得太含糊了，我应该在第一次提到这个安排的时候就讨论一下其中的细节。我承认了自己的错误，问他是否能帮我改正。鲍勃说我需要与公司所有者会面，要求一项更加明确的股权安排。当然，这点我能做到。

鲍勃说这样还不够，我必须要求一次性补偿几个月来没有得到的应得权益。他建议我要求公司一次性支付5万美元现金。

听完，我的下巴都惊掉了。“鲍勃，”我告诉他，“我在女性杂志领域工作，不是黑手党。”但是鲍勃说如果我不采取行动，我就是个笨蛋。

好吧，我也很气自己当初没有好好争取。于是，我预约了时间去见老板。那天我穿上最突显强势的套装（当时女性所喜欢的样式），告诉他要重新拟定一个更清晰的股权计划。他点点头，承认我是对的，并承诺提供一个。

接下来才是棘手的部分。我鼓起勇气，深深地吸了一口气，对老板说：“我需要你弥补几个月来所欠我的权益。我想5万美元现金就够了。”

我以为他会把我轰出办公室。但他看着我，仿佛我是他见过的最精明的女商人！

他说：“好的，凯特，当然。”

好吧，我很高兴这个要求让我得到了回报，尽管后来我忍不住想：为什么我没有要求7.5万美元呢？

我喜欢把这段经历称为“5万美元的真相时刻”。就在那一刻，我明白了会哭的孩子有奶喝。

如果你想要一份丰厚的薪水，你不能指望别人主动给你，你得主动要求。

当《为什么乖乖女不会成功，而勇敢女性会》第一次出版的时候，我发表了关于“9项原则”的演讲。当我强调女性要求薪酬的重要性时，几乎所有女性都会热情高涨。这就好像我在阐明一个刚刚开始在她们脑中产生的想法。现在情况不同了，女人知道提要求有多重要；她们已经一次又一次地听到这个建议，我肯定自己没有在讲述一些你不知道的事情。

但请向我解释一下：如果我们知道询问和谈判有多么重要，那么为什么根据Glassdoor的一项调查，68%的受访女性接受了目前职位所提供的最低薪酬？你是那68%中的一员吗？

我认为是这样的：因为向别人要钱会让我们感到很不舒服，所以我们最终会说服自己放弃。例如，如果你得到了一份新工作，你可能会想“我最好不要问，因为这会让我看起来很难相处，我不想一开始就出师不利”，甚至“如果我逼得太紧，他们可能会取消这个提议”。如果你应该加薪，你可能会告诉自己，老板知道你的表现有多好，所以你不提，他早晚也会加的。

但你不能说服自己开口提加薪——无论是起薪、涨薪还是奖金，因为你认为如果这样做了，可能反而不会得到自己应得的。老板并不总是知道你想要什么，或者他们可能需要你去提醒。有时你确实准备好了，但他们总找借口在预算中省钱。

记住，从长远来看，即使是很小的变化也会产生很大的影响。乔治梅森商学院的米歇尔·马克斯和克里斯特·哈罗德进行的一项研究显示，一个25岁的雇员，如果把5万美元的薪水讨价还价到5.5万美元以上，在他的一生中就能多赚一大笔钱——当他65岁的时候，会多挣634198美元（假设在她40年的职业生涯中，工资每年增长5%）。

勇敢女性提要求的方式

好吧，我要给你们展示一个非常简单的策略来要求你们应得的钱。但首先，理解其背后的基本原理才是关键。米歇尔·马克斯现在是乔治梅森大学负责学术创新和新项目的副校长。她说，要想实现理财目标，有3个关键的先决条件。她认为女性往往会忽视这些先决条件：

1. 提前准备；

2. 以正确的方式谈判；

3. 理解薪酬总额的重要性。

你还必须通过对薪资方面的讨价还价，来确保自己了解公司提供给你的这个职位的方方面面，以及这个职位是怎样被架构出来的。维多利亚·梅德维克指出："你永远不应该只谈薪水。你应该讨论一下你的工作、角色、责任，以及公司很重要的计划、目标，你如何衡量成功、时间、职务和薪水。"

我认识很多女性，她们愉快地开始了自己的新工作，却发现自己并没有得到期待中的职务或者权利。如果你达到了一定的水平，你就需要确定自己是否会有一个助手（如果有的话，这个人是否被多人共用），你能获得什么资源，支出预算是多少（以及你个人的报销额度），你将拥有哪种类型的工作空间或办公室，有多少人将直接向你汇报，以及你将被允许从外部雇用多少人。一定要把每件事都说清楚。

如何谈定一份不错的起薪

在第一次面试之前，仔细看看你的个人财务状况。如果你刚从大学毕业，弄清楚自己需要靠哪个水平的薪酬标准生活。如果你已经在工作了，回顾一下你的预算，还要仔细考虑一下自己期望的薪水水平。然后，再从专业、经验和技能水平的角度出发，思考自己现在最想做什么。

如果你刚20出头，请记住，尽管你的赚钱能力会随着时间的推移而增强，但你现在挣的钱将成为未来薪水的基础。

仔细研究你的财务状况后，确定这两个因素：

（1）根据你的需要和愿望，你愿意接受的最低工资。在谈判中，这叫作你的底线。

（2）你的BATNA（best alternative to a negotiated agreement），即“谈判协议的最佳替代方案”。如果你不喜欢最终的数字，你有什么选择？你正在考虑其他的职位吗？你愿意在目前的工作岗位上干一段时间吗？基于BATNA，仔细确认自己的底线。

接下来，尽可能多地收集市场上该职位的当前薪资（以及随之而来的福利和机会）。可以在一些求职网站上进行搜索，但上面标注的金额往往是最低薪酬。还可以参考网上关于薪酬的帖子。向离职的前同事打听一下其他公司的水平。阅读你所在领域他人的资料，看看有哪些条件是他人不具备的。问问你的导师对这份工作的范围有什么看法。

现在从零开始，试着找出你正在考虑的具体工作的范围。如果你有一个朋友或值得信赖的领英联系人，他目前在这家公司工作，或者曾经在那里工作过，那就向他咨询。那个人可能不愿意对你透露太多，如果你太过直接，可能就得不到具体的回答。但如果你问得稍微宽泛一些，他可能会愿意给你一些线索。“你觉得这个位置上的人的工资范围是多少？”试着弄清楚处于类似职位的男性和女性的收入。

当然，如果你已经通过了一个初步的面试，有可能你已经被告知这份工作的薪资范围（一般情况下，你不应该同意任何数额）。

你的情报应该能给你提供一个可能的薪资范围，这意味着你知道对方的底线，以及如果你是最佳人选，他们准备给你的最高金额。如果你能收集到关于“谈判协议的最佳替代方案”的任何线索，也会有所帮助。例如，他们有一个条件非常好的第二候选人，或者这份工作属于新增岗位，他们不急于招人。

利用你收集到的所有信息，确定谈判中的ZOPA（zone of possible agreement），即“可达成协议的区域”。这一区域指的是你的薪资范围与雇主考虑的薪资范围相重叠的地方。

通过评估自己的预算，考虑自己的目标，再研究一下这个领域，你要确定：如果你能赚6.8万美元，你会很开心；如果你能赚7万美元（在这个领域应该可以达到），你会很兴奋。你也要确定不接受少于6万美元的年薪标准。

至于公司所出的价格范围，你可以预估出在5.5万美元到7万美元之间。

如果将这两个范围放在一起考虑，你会看到ZOPA在6万美元到7万美元之间（参见下图）。而你更想要7万美元。

可达成协议的区域（ZOPA）

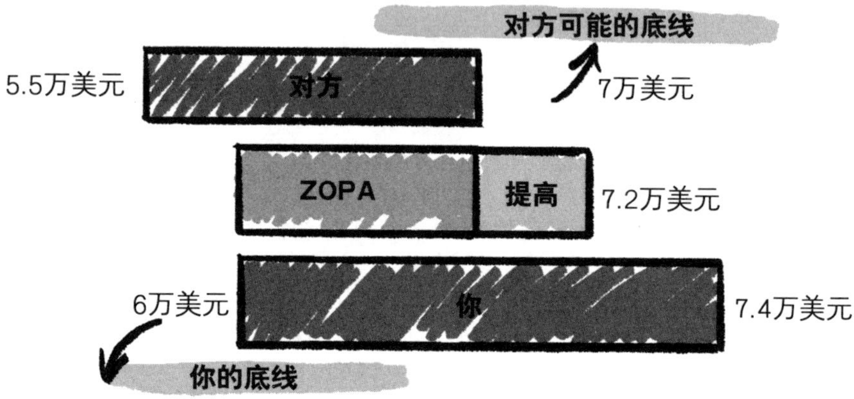

但目标要更高。“本质上，你的目标是尽可能接近他们的最高标准，”梅德维克说，“为了做到这一点，最好从最高标准出发，并且为它建立一个基本原则。如果你的研究低估了公司的标准，瞄准更高的目标也能及时止损。因此，与其一开始就要求7万美元，倒不如提高到7.2万美元，甚至7.4万美元。”

在你被录用之后，如果可能的话，要先敲定薪酬。通常是让对方说出具体的数字，但一些谈判专家表示，实际上最好是自己先开口。

梅德维克说："人们在谈判中第一个提出报价确实会获得更大的优势。当你先提出的时候，你就创造了一个起点，并获得了一个锚定优势。此外，当你去引导的时候，你处于改善关系的位置，因为你可以为谈判制定框架，引向正确的问题，成为一个看起来灵活的人，而不是落在下风，跟着对方的提议走。"

然而，在较初级的职位上，这通常是行不通的。梅德维克指出："基础工作的待遇和薪水往往是固定的。"换句话说，你更有可能被告知："我们希望你能以助理的身份加入我们的公关公司。工资是X。"

准备谈判。在完美的情况下，对方会给你想要的确切薪水，或者如果你说出了数字，对方会高兴地点头表示同意。但这个世界并不完美，你可能不得不进行一些谈判（我建议，即使谈判，如果他们说出你期待的数字，也代表对方可能低报，并能给出更高的价格）。尽管这可能会让人感到不舒服，但试着把它看作这个过程的一部分。这其实是很多人都在做的事情，而且根据研究，男性比女性做得多。第一个和我谈薪水的人就这样做了（我给他提供了一个高级编辑的职位），他似乎很享受这个过程。

好，假设另一方先出价6.6万美元。你不要问："薪水可以商量吗？"因为这给了他们一个机会。你可以这样说："我很乐意来这里工作，这个职位听起来棒极了。但是基于我的经验和我希望在这里做出的贡献，我希望的薪水是7.2万美元。”梅德维克博士强烈建议你尽可能多地关注雇主的需求或目标，而不是你个人在金钱或职业规划方面的需求。

然后保持安静，不要急于敲定结果，给对方还价的机会。

如果对方给出了6.8万美元的价格，我们还没有理由放弃，因为那可能不是他们的最高价格。你可以这样说：“你愿意接受7万美元这个整数吗？”

如果你先要求7.2万美元，而对方只提供6.8万美元呢？强调你对自己所能做出的贡献有多兴奋，你希望他们能表现得更大方。梅德维克建议，在某些情况下，为潜在雇主提供一些看起来不同的选择是明智的。她说：“一个选择是把赌注押在你的业绩上——奖金与业绩指标挂钩——这样你就可以证明，你有多自信能够实现公司的目标。”

如果离你想要的数字还差得很远，现在是时候去探索是否有其他的方法来增加交易的吸引力了。如果公司提供三个星期的假期或者周五有机会在家工作，你会接受提供的薪金水平吗？（参见第113页）

如果面试官告诉你“回头再联系”，也不要慌张。聪明的谈判的一部分是要足够冷静地等待。不过，要确保给对方留下这样的印象：你真的想要这份工作，并且对在那里工作感到兴奋。这样的话，他们就不会考虑BATNA，而是提出还价。

难道要求更多不会带来困扰吗

米歇尔·马克斯说："招聘人员通常希望你去谈，但如果你不谈，那就等于把机会拱手让人。"

当然，有一些人最终会收到不好的效果。谢丽尔·桑德伯格创建的组织Lean In和麦肯锡公司进行的一项研究显示，谈判的女性更有可能被看成专横跋扈。但底线是，如果你达成协议，接受这份工作，表现出色，他们不会在意这些。有时，我发现自己会对那些与我谈的薪水比我计划的高得多的人感到有点恼火，但我很快就忘记了这一点，因为他们取得了令人难以置信的成果。

考虑要求31项津贴

下面是一份相当常见的职业福利清单——许多公司会提供其中几项福利。但在某些情况下，只有你足够勇敢地提出要求或为之谈判，才有可能得到这些福利。它们大致是按实现概率的降序排列的，有些基础职位就能实现，但这些福利往往取决于工作和领域。例如，如果你去一家初创公司工作，即使这是你的第一份工作，你也有可能获得股权。

这些都是可以用来增加交易筹码的额外津贴，但不管怎样，大部分额外津贴可能都和岗位无关，你只管提。

- 继续教育福利或学费报销。
- 获得辅导项目。
- 参加培训研讨会。
- 可以在家工作。
- 灵活的工作时间。
- 修改首次加薪的时间（如果你的入职日期意味着在12个月内都不会考虑加薪）。
- 保证加薪。
- 健康津贴（例如健身房会员卡、瑜伽课）。
- 内部购买折扣（通常是自动的）。
- 签约或重新签约奖金（这在高级管理人员中很常见，但在较低的职位上也可能发生）。
- 额外的带薪休假。雇主通常很容易批准。永远不要忘记问这个问题。
- 调动补偿。
- 股权或股票期权（如我所说，如果公司是一家初创企业，有时入门级职位也会提供）。
- 绩效奖金。
- 固定奖金。
- 提供电话、平板电脑和笔记本电脑及其售后服务。

• 参加会议。

• 家庭办公家具和用品（尤其是远程办公公司）。

• 专业协会会费。

• 俱乐部会员资格。

• 预留停车位。

• 商务舱或头等舱旅行。

• 一辆汽车。

• 汽车服务。

• 财务或税务咨询。

• 旅游VIP服务。

• 高管长期激励计划。

• 股本。

• 将工资延期到一个特殊的高息账户。

• 高管补充退休计划（比正式员工获得更多的退休补偿，有时包括比实际工作年限更长的信贷）。

• 有保障的遣散费。

记住，公司可能会有一些特殊的津贴。例如，如果你在一所大学教书，你可以要求一份夏季的特殊津贴。

如果他们问你现在的薪金水平怎么办？

你可以说："我能理解你的问题，但我目前的薪水实际上并不能反映我的经验或技能，以及我能为这个职位带来什么。我想重点谈谈这个。"

如何谈加薪（或奖金）

这和谈起薪有点不同。要意识到你的老板的资金池可能是固定的，根据经济状况和公司的表现，这些资金会分配给部门的每个人。

- 做大量的准备工作。尽可能多地搜集在公司里担任类似职位的人（尤其是男性）的薪资信息，听听关于你这个级别或接近你这个级别的新员工的传言。弄清楚公司是否有最低和最高级别的薪酬等级。如果有，你就要掌握具体的分级内容。此外，尽可能多地了解你所从事的行业，以便了解薪资范围。也要了解公司的财务状况（阅读行业出版物，注意员工私下议论）。最重要的是，要进行严格的自我评价。在过去的一年里，你是否有出色的表现？然后确定ZOPA和自己应该增加的薪资金额。

• 把握好时机。公司一般都会内部决定给哪个员工加薪，所以要在提薪前几个月和老板讨论加薪问题。

• 要求面谈。不要在走廊或公司随便哪个地方和老板讨论加薪。不要一上来就说自己想谈论加薪。给他发邮件，请他抽空与你进行正式面谈。

• 先说一个数字。要有信心，心里明白老板很可能会试图向下压价。

• 用你创造价值的具体例子来说明观点。展示可衡量的结果，比如你在多大程度上提高了盈利能力或降低了成本。可提前把这些写在纸上。

• 强调他们的需求，而不仅仅是你自己的需求。重点应该是你要为老板和部门做些什么。除了讨论过去的表现，还可以分享一些明年的工作计划，让老板知道你将为公司带来什么。

• 如果你的老板说他无能为力，问问他是否愿意考虑一下，看看能不能做点什么。当老板真的因为资金池有限而束手无策时，如果他想实现你的要求，他可能愿意找他的老板争取加薪。

• 如果你想要的加薪被拒绝了，尽你所能去了解原因。例如，是存在预算问题，还是存在绩效问题。

• 如果加薪低于预期与预算有关，试着争取一些其他好处。看看前面列出的福利。其他需要考虑的事项包括头衔变更、奖金（有时更容易得到）、承诺在6个月内再做一次评估，甚至是岗位调动。

• 还可以要求一些你刚开始工作时不知道的公司福利，比如靠窗的办公桌或能承担部分工作的助理。

• 如果你发现自己的薪水低于与你水平相当的其他人，讨论时要保持中立的态度。要表明你意识到了差异，你想尽快找到解决方案。在某些情况下，这可能是因为你已经工作了一段时间，加薪往往跟不上新起薪的增长，而新起薪可能是由该领域的情况决定的。

• 准备跳槽。有些公司只有在你收到另一家公司的正式聘用通知时，才会给你比平均水平更高的加薪。

如果你怀疑自己的薪水比同岗位的人低，那你很可能就是

直觉有时让你觉得，和部门的其他人相比，自己的薪水很低。这可能是基于你从同事那里听到的关于这个行业的传言和随意的评论，因此很可能是准确的。让它成为你谈判的关键筹码。

除了钱，还有4件事你必须提要求

近来有很多关于要求加薪的重要性的讨论，但是不要忽略了其他一些必要的要求。

1. 晋升。根据Lean In和麦肯锡的一项研究，女性的晋升率落后于男性，这种差距在初级管理者的晋升中最大——每提升130名男性，只有100名女性得到提升。如何才能改变这一状况？首先，你要有反复要求升职的意识。

我有时看到女性会犯想要一步登天的错误。事情往往不是这样。你所获得的最好的晋升可能是你自己主动争取的一小步。和你的老板面谈一次，用有力的、准备充分的后备材料来证明自己的观点。

另外，关注工作而不是你自己。不要说你应该得到这个职位。在杂志行业工作的时候，我经常看到一些乖乖女鼓起勇气要求升职，却只为了自己。她们会说，这是理所应当的，或者我值得升值，她们的丈夫刚刚减薪等。我记得有人说过一句话："我已经为职业生涯的下一步做好了准备。"你的老板想要做什么就是你下一步的工作重点，详细说明你会做出多少贡献，以及你想要发起的活动。最好还能分享你想在新岗位上执行的一些好想法。

2. 机遇。再说一遍，这些东西并不总是随手可得。你必须要求那些可以帮助老板实现目标的特殊项目和任务，让他满意。理想情况下这可以加强你的优势，迫使你走出自己的舒适区，增加你的信心，提高你在公司的声誉，并为升职做好准备。如果机会不会马上出现，就创造一个。

要主动询问“缺少什么”或“我能为老板或部门解决什么问题”。正如我认识的一位高管所指出的那样，如果你找不到问题所在，那只能说明你还不够努力。

但我还要再次强调：关注对方的需求，你能为老板、部门和组织做些什么。

3. 反馈。理想情况下，老板会对你的表现和任务给予反馈，但这并不常见。如果你的任务或项目没有得到反馈，你应该主动询问。

如果老板对你执行一个项目的方式不满意，找出自己所犯的错误是很重要的。有些经理在被询问意见时会感到很尴尬，所以在讨论问题时，要用积极的态度，使老板能够轻松地说出他的意见。你可以说：“下次我会把这个做好。你能告诉我在你眼里它怎样才是完美的吗？”

虽然很难做到，但是收集关于为什么你没有得到面试机会的反馈也是非常有益的。等几天，直到你被拒绝，然后打电话给招聘人员。不要尝试通过电子邮件联系，因为对方不想留下交流的记录。你可以说：“你介意我问你一些反馈意见吗？这份工作听起来很有吸引力。我也很想加入贵公司。如果我将来想要一个类似的职位，我能做些什么来提高我的入职机会呢？”对方可能不会对你很坦诚，但你可能会得到至少一个有利于自己的暗示。

4. 这份工作！哦，第一次这么做的时候你可能会感到紧张，但相信我，这样做是有回报的。你可以说：“这份工作听起来比我想象的还要好，我希望有机会向你们展示我的能力。”

每个实习生都应该问的5个问题

1.“你能评估一下我在这里的表现，让我从自己的经历中学到更多吗？（即使评估结果并不如你所愿，也要表明你愿意把它放在心上，表示感谢。）我一定会认真考虑你所说的，并在以后的工作中加以改进。”我和很多实习生一起工作过，但大部分都对获得真知灼见不感兴趣。

2.“我比以往任何时候都更相信，一旦毕业，我愿意在这里工作。在我毕业之前，你有什么建议吗？”

3.“我大四时会申请这里的全职工作。请问最理想的时间具体是什么时候？”不同的领域会有很大的不同。

4.“我非常崇拜你。你介意与我保持联系吗？”

5.“我可以请你做我的推荐人吗？”（未经允许绝不要这样做。）

进取心、占有欲和坚持不懈

当你想要什么东西的时候，你常常不得不开口去要求。但也有一些其他的事情，比如会议的席位，或者在社交活动上与重要人物交谈的机会，与其去要求，不如勇敢地去争取。

我第一次知道争取的力量是在《魅力》杂志的“十佳女大学生”竞赛中。奖励的一部分是我们可以为杂志8月版拍摄照片。所有的获奖者都将出现在时尚杂志的跨页上，一位幸运的女孩将被选为封面人物。我想成为那个女孩。

在我们去纽约领奖时，我和其他获奖者被带到了一个巨大的时装屋，里面摆着一架子的衣服，我们被告知要挑选一套衣服来拍照。杂志的时尚总监解释说，大部分衣服都是低调的土色，因为当年很受欢迎。但在一个架子的尽头，我发现了一件亮黄色高领毛衣，配有橘色和绿色的饰边，还有一条配套的裙子。当其他女孩冲向石南花和鼠尾草绿色的单件衣服时，我径直走向那件黄色毛衣，抓起它。我看过足够多的杂志封面，知道它们必须流行，我知道黄色会疯狂流行。

那年，我成了《魅力》杂志8月份的封面女郎，笑得像只穿着亮黄色毛衣偷吃金丝雀的猫。

我从不主张拿走明显属于别人的东西。我的观点是，在机会出现时抓住它们。如果它们没有出现，就创造它们。

“当我第一次搬到洛杉矶的时候，”编剧萨拉·海沃德说，“我注意到，我的朋友们都在努力这么做。演员中最成功的往往是那些‘勇猛’的人。在追求我的写作生涯时，我从中学到了重要的一课。我寻找我崇拜的作家，在派对上结识成功人士，听取几乎所有人给我的建议。即使现在我在事业上已经走得很远了，我也坚持这样做。如果我想要一份工作，我会给任何需要的人打电话和发邮件，直到他们录用我或者告诉我不要打扰他们。”

我遇到过很多人，他们都很善于抓住机会，并从不为此感到抱歉。勇敢地向他们学习。

勇敢女性的关键词

- 无论如何，都要试着索取自己想要的薪酬。
- 不要担心别人会生气。如果你不要求，你可能会错过加薪的机会。
- 如果答案是否定的，继续协商。即使离职也要有所成长。
- 不要只是要钱，还要要求升职和机会。
- 有时候，问题不在于要求，而在于勇于争取。抓住机会。

Girls

第六章

无惧冒险

Chapter 6

A Gutsy Girl Takes Smart Risks

几章前，我谈到了为公司提出突出、大胆、可能具有颠覆性想法的重要性，不管这家公司是你工作的、经营的还是你自己的。当然，仅有创意是不够的，你还需要执行它们。要做到这一点，你必须承担风险，在某些情况下，这意味着你要冒险。

冒险是可怕的，我知道。这就是为什么乖乖女通常喜欢避开它。但如果你想在工作和事业中取得辉煌的成就，你需要成为一个敢于冒险的人。

这也意味着要适应失败，因为风险有时会带来失败。失败可能会让你感到伤心和压力，但它是一种学习、成长、收集关键信息、确保自己未来不受失败影响的方法。能源之春领导力公司总裁、高管培训师德布·布瑟表示，女性要允许自己失败，让自己不那么完美。

布瑟说：“当我们失败的时候，我们没有任何内部资源可以用来应对。但我们可以非常努力地工作，不让自己处于失败的境地。我们可以重新调整自己。当我们感到对失败或糟糕的恐惧正影响我们的决策时，我们更要全力以赴。”

允许自己失败对珍·格兰兹来说意义重大。在创办网站Bridesmaid for Hire.com大约9个月后，她加入了一个为创业者提供导师配对服务的网站。她最后和一个86岁的人结了对，这个人有自己的公司，曾担任总裁。

“他甚至不知道伴娘是什么，”格兰兹笑着说，“但他的建议非常棒。他告诉我，我因为害怕失败而退缩了。这让我不知所措。他说，遗憾使你成为人，但失败使你成为英雄。每个星期我都要给他看我这一周的失败清单。他让我明白失败的痛苦其实没那么糟糕。”

在“获悉”的办公区里，一类直白的时事通信受到了人们的热烈欢迎。该通信专为那些想要从小事中获取经验的人而设，内容是抓住机会——甚至是那些会失败的机会。“获悉”每个星期都有一次团队会议，在会议上，联合创始人会重点介绍不同的项目团队正在进行的工作，但是他们也允许一个团队成员分享一个“失败”，或者他所承担的没有按计划进行的风险。这样做的目的是鼓励团队继续大胆尝试。

可以冒险，但不能鲁莽

虽然当你承担风险时，失败总是一种可能性，但你要尽最大努力去防止它发生。尽可能地确定冒险是有意义的，并且有可能获得丰厚的回报。

对我来说，承担风险总是先于收集信息。有时候你会听到一个商业领袖说他主要依靠自己的直觉，但是如果你仔细观察，你会发现这个人所拥有的是一个受过良好教育的直觉，一个从多年的经验和数据收集中产生的直觉。我觉得我在杂志社工作的那些年，我的直觉发挥得很好，但其绝对是建立在我所受的教育的基础之上——我从未停止学习。

在冒险之前，先收集数据。研究风险，但不要陷入其中。不要仅仅因为信息违背了你的想法就对它置之不理，当然也要考虑它是否有偏差。

其也有助于发展态势感知（SA）。这是决策者在航空、军事、船舶导航和应急服务中使用的技能。海岸警卫队将态势感知定义为“识别、处理和理解与任务相关信息的关键元素的能力”。简单地说，就是知道你周围发生了什么。

观察，与人交谈，倾听，给自己一些时间去处理自己听到的内容。同时，不要仅仅因为一个观点与你的相反就否定它。

在冒险之前要问自己10个问题

一旦你收集了与风险相关的信息，问你自己下面10个问题。我和CBIZ有限公司的企业风险管理主管克里斯汀·皮特一起拟定了这10个问题，因为皮特的工作就是评估风险。

1. 冒这种风险的潜在好处是什么？

____

2. 可能造成的潜在危害是什么？

____

3. 受损的可能性有多大？

____

4. 危害会有多严重？

____

5. 你能承受多大的损失？

____

6. 你是不是为了一点点收益而冒了很大的风险？

____

7. 可以采取什么保障措施来减少受损的可能性？

____

8. 风险是否可以转移或减轻（也许通过与某人合作）？

____

9. 不冒险又会承担哪些后果？（例如，如果你不采取这一步，竞争对手会这样做吗？你会错过市场机遇吗？）

____

10. 你有没有建立一种方法来监控风险？

____

一旦你有了答案，就要思考它们。你的胜算有多大？回报值得吗？你能忍受损失吗？保持理智，不要欺骗自己。

你的职业生涯也可以使用同样的问题进行风险评估。例如，如果你要求老板给你一个新职位，你会冒多大的风险？也许不是很多。但如果你真的绕过自己的领导，向大老板提出一个想法，风险可能会大得多。

承担风险能减轻压力

即使冒险看起来很明智，它仍然会带来压力。尝试并设计一些策略来帮助你在这些情况下减少焦虑。这一点对毕业于斯坦福大学的纳斯卡赛车手、10岁就获得赛车冠军的朱莉娅·兰多尔来说至关重要。

她说："学习如何训练自己的身心来应对压力是非常重要的。首先，当你感到压力、害怕或紧张时，能够意识到这一点是至关重要的。然后，找出应对这些状态的方法也很重要。比赛前，我会拼命奔跑以排解负能量。在压力大的会议之前，我采用方形呼吸法（见第132页）。

"在任何高压的情况下，我都会减少关注为实现目标所需要采取的步骤。虽然这对我来说是自然而然的事，但我仍会提醒自己只关注眼前的任务，而不是大局、后果或其他任何事情。"

当我写上一本与"勇敢女性"相关的书时，我有机会采访了心理学家弗兰克·法利。法利提出了T型人格（寻求刺激）的概念。法利发现，有些人天生就喜欢冒险，而另一些人则恰恰相反——他们害怕冒险。但是，如果你处于这两者之间，你可以通过简单的练习来适应冒险过程。法利告诉我："当你冒险的时候，你会发现这是一种强化。你可以获得一种令人振奋、充满力量的感觉，一种'我做到了'的感觉。”

换句话说，如果你是一个没有尝试过太多冒险的乖乖女，那就去试一次。一旦你让自己适应了这样的过程，你就可以开始考虑更大胆的冒险了。

方形呼吸法

方形呼吸，有时被称为四方呼吸，是一种可以减轻焦虑或恐慌，帮助人放松的呼吸技巧。其包括4个简单的步骤：

吸气4秒钟；

保持4秒钟；

呼气4秒钟；

坚持4秒钟。

然后重复这个过程。

如何说服他人承担风险

就像我之前写的，一些大胆的想法最好在未经许可的情况下突然发布。如果你可以承担风险，而且这基本上是你工作的一部分，那么你就没有必要获得批准，想做就做。但是，如果你必须取得老板同意，你可以这样做：

1. 热情地游说，激情是会传染的；

2. 简明扼要地陈述你的目标；

3. 解释原因，强调好处；

4. 预见可能出现的反对意见，并将其作为自己的意见提出。例如，你可以说：“当然，这种方法的一个主要关注点是X，但是在研究的过程中，我发现这个问题是可以消除的。”

快速失败

当风险开始表露出会失败的迹象时，评估一下状况，考虑一下你的选择，抵制住拯救那些可能无法拯救的东西的冲动。

我在赫斯特公司工作时，有幸研究了两位杰出人士的冒险策略，他们是前首席执行官小弗兰克·本纳克和前首席运营官吉尔·毛雷尔。他们的方法非常有意义。吉尔为我总结了这一策略的一部分：“快速失败。合理地承担风险，成功就会随之而来，并获得后续投资。将失败最小化，一旦发现失败的迹象就暂停，以阻止资源消耗。”

放手往往是最明智的做法。

如何从失败中学习

虽然你不想因损失而痛苦，或者无休止地思考一次挫折（更多内容见第七章），但你最好召集所有的朋友，研究你的错误，从中学习能学到的东西。这将有助于降低未来失败的风险。

当我还是《时尚》杂志的主编时，报摊销售是公司利润的重要组成部分。随着销量的增长，我的目标是每月拥有200万份的销售额。幸运的是，我成功的期数比失败的多，但这些年来我确实做过一些糟糕的选题。

直面失败从来都不是一件有趣的事，但我强迫自己去做。每当我遇到不如意的事，我就会进行所谓的“地毯测试”。我会把这个问题扔到我办公室的地毯上。就在它上面，我放了一排前几个月最畅销的杂志，在它下面，我放了以往的失败者。然后我会花一小时做比较。当前的问题与其他失败品有什么共同之处？它与获奖者有什么共同之处？有时，我觉得自己就像犯罪现场调查团队中的一员，在犯罪现场检查一具尸体，试图确定其死亡的确切原因。

你猜怎么着？当我研究完所有这些问题后，我获得了洞察力。我可以很好地猜测为什么封面没有起作用，这是一个我之前无法确定的因素。也许这位女演员或模特身上的服装全错了——或者至少在这一季是错的。又或者主题太过模糊，不够吸引人。回顾过去让我更明智地思考如何前进。

引爆风险炸弹，还是平静地接受失败，主要取决于以下几点。

- 分析任何你能掌握的数据。它还有助于吸引那些真正有价值的对象（比如你的消费者或客户）。不要为自己辩护。Trendera首席执行官简·白金汉说，她看到客户犯的一个大错误就是把研究得出的令人不快的结论合理化。
- 得出正确的结论。我在研究杂志的失败案例时发现，模特或女演员头部的大小似乎会影响销量。原来《时尚》杂志的读者不喜欢过小的头部！
- 采取行动。接下来要提出你的未来计划。例如，我实际上是在一堆获奖封面上追踪调查模特和名人头像之后，制定出设计总监使用的模板，所以她总能确保我们在封面上使用的照片被放大到合适的尺寸。
- 承担责任，学习，然后放手。我曾与一位高管共事，她总是把自己所在领域的任何挫折都归咎于除自己部门以外的所有人。在她眼里，总是别人的错。接受现实，承担责任。如果你不承认自己的错误，你就会看起来像个懦夫，从而降低了从错误中学习的机会。

承担某些风险不仅会让你后悔，还会让你心生恐惧。但不管有多痛苦，勇敢地面对它们，把教训内化。在职业生涯的早期，辉瑞公司负责事务执行的副总裁萨利·苏斯曼曾在国会为一名参议员工作。她知道议员在其漫长而成功的职业生涯后计划宣布退休，但他需要按一个具体的时间表逐一宣布计划。她说："那时我还太年轻，一不小心，我告诉了一个朋友……他也告诉了一个朋友……朋友的朋友又告诉了一个朋友。还没等我反应过来，消息就传出去了，媒体也打来电话。我是泄密的源头，导致一位受人尊敬的领导人不得不在国会上做出回应。我的道歉并没有减轻我很长一段时间的羞耻感。这是一个伟大的教训，告诉我们信任是多么神圣。从那以后，我从未破坏过信任，并认为自己是一个保密堡垒——这是我作为企业事务和沟通主管的一项基本素质。"

为什么也应该分析胜利

当风险得到回报时，你很容易走回头路，开始重复冒同样的风险。但你要尽自己所能地去理解为什么风险得到了回报，甚至有可能原因并不是你想象的那样。一些你没有完全意识到的因素可能起了作用。

凯拉·奈特莉演艺生涯的早期，我曾请她拍摄过封面，结果杂志大卖。她看起来很漂亮，乌黑的头发超级有光泽，非常丰盈。她穿着蔻依设计的牛仔裤和一件醒目的粉色和黑色紧身上衣，我们把背景做成了与上衣相配的亮粉色。当然，在这个轰动一时的销量出来后，我渴望尽快再登一张凯拉·奈特莉的封面。

但几个月后，当我们进行了一系列焦点小组讨论，让读者评论她们喜欢的封面时，我震惊地发现，购买了那期杂志的小组里的大多数女性甚至不知道凯拉是谁——她那时还不是大明星。她们说，之所以买那期杂志，是因为整体设计都非常性感。

我意识到，真正需要的不是另一张凯拉的封面，而是一张同样粉色的封面，或许还有一件杀手级的蔻依上衣。

分析胜利将帮助你制定一个成功公式。

但是请记住，没有公式是永恒的，甚至是长久的。这就是为什么你需要一直承担新的风险，测试新的想法和新的方向。这就引出了下一小节的内容。

做一个风险代理人

近几年，我们常听到很多关于做一个变革代理人的重要性，成为一个能够激励和促进变革而不是坐等变革发生的人。我认为把自己想象成一个风险代理人也是很重要的。一个勇于奋进的女性总是睁大眼睛，寻找机会以一种非常大的、可能具有破坏性的方式来改变事情，即使这涉及很大的风险，或者是一些很少见的事情，甚至是一些似乎并不迫切需要颠覆的事情。

施乐前总裁乌苏拉·伯恩斯接受《纽约时报》采访时，说了一句我非常喜欢的话，我把它记了下来。她告诉记者，她非常钦佩公司里那些积极冒险的人，他们总是在寻找破坏稳定的方法。“把问题解决好，”她说，“在你不得不这么做之前。”

这个建议有多明智！

我所冒过的最明智的风险之一，至少在当时看来是没有必要的。那是我在《时尚》杂志工作的最后几年，当时的销量非常好。但是，正如我相信的，当你的工作处于最快乐的阶段时，就是找新工作的时候。我认为，当你的生意进展得非常顺利的时候，就是考虑风险和改变的时候。

对我来说，这是从一些态势感知开始的。我开始注意到，不论何时，我的一位高级编辑或者我面试女性求职者时，她们经常提到男性杂志《Maxim》是她们最喜欢的出版物之一。起初，我感到这有点奇怪。但当我思考这个问题时，我意识到这些X一代（后来是Y一代）[1]的女性喜欢《Maxim》那种大胆、露骨的幽默。我主编的《时尚》既有趣又夸张，但一点也不大胆。我开始明白的是，那时的年轻女性渴望在杂志上看到那种幽默。我决定对《时尚》做一些改变。我在很多故事中加入了一种直率的语气，并引入了几个幽默专栏，其中有一个是由两个男人写的。销售的激增几乎是立竿见影的。幸运的是，这还使《Maxim》杂志考虑推出女性杂志的传言平息了下来。我认为是我在市场上填补了这个空白。

我冒了个险，在一个问题变糟之前解决了它，并得到了完美的回报。所以：

- 注意已经存在了很长时间的系统和流程，并询问自己将如何改变它们；
- 紧跟市场趋势，考虑如何让它们符合部门或公司的愿景；
- 注意什么让你紧张（比如竞争对手在做什么），与其逃避它，不如让它激励你去冒一次会让自己获得巨大回报的风险。

1　X一代，指20世纪60年代中期到70年代末出生的人。Y一代，指20世纪80年代初到90年代中期出生的人。

事实上，每天都要冒险

《时尚》杂志的内涵是有趣、无所畏惧、完全坦率，常常还会有些冒进。于是，我养成了每天早晨问自己“今天我该怎么做才能得到突破”的习惯。

实际上，我认为每天都从不同的角度问问自己这个问题是明智的。不管你在哪个领域，你都可以问自己：“在一天结束之前，我要承担什么样的风险？”不要陷入一个你不用积极承担风险的舒适区。

质疑做事的方式，从一个全新的角度看待问题，考虑一个完全牵强的想法，使用我在第一章中提到的“4B”来处理项目。

记住，定期的小冒险也会有回报。我曾有机会和格雷琴·卡尔森谈话，这位前福克斯新闻评论员曾勇敢地以性骚扰罪名起诉该电视台。她提到了在职业生涯早期为了帮助自己成为一名记者而冒的一些小风险，例如，决定像实拍那样来回走动介绍，而不是站在一个地方。“不要追求完美，要勇于冒险。”她会挑战观众的视角。

不要做蛮干、冒进的事

- 绕过你的老板，把一个想法推销给更高级别的人。
- 试图向老板隐瞒坏消息。
- 发一封电子邮件抱怨你对某人有多恼火。
- 在公司反对办公室恋情的情况下，与同事约会。
- 和老板约会。
- 与下属约会。
- 以牺牲工作为代价来做你的副业。
- 在离职面谈中说老板的坏话。

玻璃悬崖风险

没错，不是玻璃天花板，而是玻璃悬崖。2004年，英国埃克塞特大学的两位教授米歇尔·莱恩和亚历克斯·海斯蓝，创造了“玻璃悬崖”这个词来描述他们看到的一种现象：女性更有可能被任命为领导角色，如企业界的高管、学术界的高级科研人员和政治选举候选人，这意味着在危机时期女性失败的可能性更大。后来，《财富》杂志针对500强企业的研究支持了他们的发现。

那么，你应该抓住一个美妙但高风险的职业机会吗？这会是玻璃悬崖吗？高管培训师德布·布瑟建议，可以通过以下问题来进行评估。

- 这份工作有哪些潜在的优点和缺点？
- 我在公司内的社会资本水平如何？我有几个值得信赖的同事，他们会加入吗？公司外的情况又如何呢？是否有外部人士想要加入，或者至少被我用作非正式的董事会？
- 公司对变革的准备程度如何？公司确实已经不能再容忍现状了吗？风险水平越高，对变革的准备程度也可能越高。
- 这个职务看上去有趣吗？
- 如果不接受这个职务，我能学到什么？这会提升我的品牌和谈判能力吗？
- 如果人们普遍认为这是一项艰难的工作，那么在工作时间、休假时间等方面，我能谈些什么无形的补助呢？
- 我可以为某些目标协商一些可变的薪酬吗？
- 如果事情不顺利，我能在遣散费中得到额外的补偿吗？

我知道冒险是可怕的。我第一次被邀请参加《今日秀》节目时，我曾短暂地考虑过在休息室里假装昏倒的做法，这样我就不用参加节目了。但正如弗兰克·法利所指出的，随着时间的推移，冒险所带来的回报会让事情变得更容易。我职业生涯中发生的每一件好事都来自冒险。

所以，告诉自己明天你要做的第一件事。然后，坚持每日前行。

勇敢女性的关键词

- 明智地冒险。不仅要确定可能的好处，还要确定坏处。
- 研究自己的缺点。你能从它们身上学到什么？也要研究自己的胜利，确保你知道获胜的真正原因。
- 快速失败。不要坚持做不可能成功的事情。
- 做一个风险代理人。不要简单地对眼前的机会做出反应，而要看清其中的风险。

Girls

♀

第七章

不用被所有人喜欢

Chapter 7

A Gutsy Girl Doesn't Need All the Likes

正如我之前提到的，当我快30岁的时候，我是一家育儿杂志的主编（那时我还有7个月就会生下第二个孩子）。我被邀请去采访《职业女性》的运营工作，那是一本为女性服务的商业杂志。我穿着一条孕妇裤去参加会议，令我吃惊的是，我竟然得到了一个职位。我接受了。这本杂志的想法引起了我的兴趣，而且我很快就会有两个孩子了，它会给我带来不错的收入增长。我也渴望这样一个机会：用比我现在拥有的更多的员工和资源来经营一家杂志。

入职前的那个周末，我更深入地研究了这本杂志，我沮丧地发现它对我来说真的很陌生。页面上充斥着密集而枯燥的文章，主题狭窄而专业，标题是“派遣员工如何节省时间和金钱”“销售自动化的成功案例”和“如何把握生产率的脉搏”。读者显然说着某种秘密语言，这是我在《魅力》和《儿童》等杂志工作时没有学过的。

不久，我开始体验到一种令人作呕的恐惧，我啃不下这块硬骨头。我怎么才能对一无所知的主题产生想法呢？这就好像我接受了天体物理学杂志主编的工作，或者更糟，接受了天体物理学家的工作。我意识到自己要失败了，这完全让我感到难堪。

我丈夫怀疑事情没我想的那么糟，试图安慰我。“这只是对新工作的焦虑。”他说。

“不，不是。”我厉声说，“我做不好这份工作。我对主题一无所知，对读者一无所知。”

“你怎么能这样说？”他吃惊地问，“你不是个职业女性吗？”

我想了一会儿，然后笑了起来。当然，他是对的。我可能没有报道商业新闻的经验，但我是一名职业女性，我现在是一家杂志的负责人，正在执行一项成功的战略，监管员工，监督预算，招聘和解雇员工，因此我可以和《职业女性》读者分享很多。我并不是一个完全的局外人。

当我接手这本杂志时，我发现我喜欢为女性提供职业和商业方面的建议，而且我让这些特点比以前经营得更加通用（我认为也更有吸引力）。看来，我之前的担心不仅是多余的，而且有可能会使事情变得更糟。

我想很多女性都能理解那个周末我所处的困境。当事情变得艰难的时候，我们常常感到痛苦，将情绪投射在外，认为灾难即将来临，焦虑地期待人们的反对。

纽约市心理学家、作家戴尔·阿特金斯博士说："在某些方面，作为女性，我们天生就爱担心。我们的本能是保护、照顾他人。如果我们不保护，可能会出错。一定量的担心是健康的。当你走极端时，问题就会出现。"

我们担心的不只是我们自己。"女性在做任何决定时，似乎都会考虑很多数据点，" Female Quotient's公司的艾玛·史密斯–史蒂文斯说，"我们不仅担心自己的决定会如何改变自己的生活，还担心它会如何影响他人。如果是为了升职，我们可能会担心那个得不到升职的人。如果是关于加薪的，我们甚至会担心，如果我们得到的加薪太多，就没有足够的钱来举办公司计划中的集体晚宴。可男人们似乎总专注于目标。"

乖乖女担心的事情太多了

- 做错了。
- 如果她做错了，事情会变得多么糟糕。
- 如果最坏的情况发生了，她个人会怎么样。
- 人们是否真的喜欢她。
- 她所认为的事情的含义。

所有这些担忧不仅会导致头痛、胃灼热和胃痉挛，而且会让你慢下来，有时甚至会让你畏首畏尾。它们可以影响你的决策，迫使你有时选择安全的选择，而不是明智的、有风险的选择，有时还会导致逃避。它们会让你急于讨好，因为你害怕受伤。

这些担忧还会带来其他影响。当你作为领导者或者潜在领导时，强烈的担忧也会让人们对你产生负面印象。《打破玻璃天花板的新见解》一书的作者、CDR评估集团总裁、高管培训师南希·帕森斯表示，陷入担忧会阻碍女性在公司晋升至高层的努力。帕森斯对高管的研究揭示了一个她认为目前未被承认的现实：在具有挑战性的情况下，女性领导者往往会进入“更焦虑的模式”，这是基于对失败和犯错的恐惧。

帕森斯说：“当遇到冲突或逆境时，女性往往会求助于学习、分析和再学习。这种恐惧、谨慎和远离冲突的态度，导致她们被认为缺乏勇气和信心。人们有一种不成文的期望，即领导人不会、也不应该在棘手的问题或冲突面前逃避或者退缩。”

有时，担心是人之常情，但勇敢女性知道如何尽可能地远离担心，而不被它所影响。

如何在困难的情况下少担心

如果你内心是个杞人忧天的人，你可能不是想改变就能改变的。帕森斯说：“这些特点也许会一直伴随着我们。”但她指出，随着时间的推移，你可以做出关键的调整。“你可以设法消除过度担忧的倾向，防止它干扰你的表现。”

改变从遵循一条古老的建议开始。问问自己“最坏的情况是什么”。戴尔·阿特金斯博士认为，这种方法真的很有帮助。她说，除非你患有极度焦虑——这可能会让你对情况的思考变得更糟，否则在脑海中想象那个场景，并考虑可能的后果是有益的。而且你很有可能得出，它并不是你无法处理的事情。

问问你自己：

- 可能发生的最坏情况是什么？

  ____

- 最坏情况发生的可能性有多大？

  ____

- 如果最糟糕的情况发生，你可以给它注入哪些力量？

  ____

- 在过去，你是如何应对类似的最糟糕情况的？

____

- 如果最坏的情况真的发生了，你有什么应对计划？

____

通过这个练习，你会发现即使结果不好，你也有办法处理。

把朋友（而不是同事）当作参谋也是有帮助的。朋友可以提醒你哪些是你的核心优势（比如我丈夫说我是个职业女性），以及你过去如何应对具有挑战性的情况。

帕森斯说，关键是在进入焦虑模式之前先控制住自己，因为当你处于焦虑的边缘时，消除焦虑的倾向要比消除实际的紧张焦虑容易得多。注意刚萌芽的忧虑情绪，问问自己是什么触发了它，并拒绝打开焦虑的开关。

如何停止把事情个人化

尽管大部分担忧都与未来可能发生的事情有关，但在某些时候，乖乖女会为刚刚发生的事情感到焦虑。例如，你参加了一个不如想象般顺利的会议，或者你提出了一个想法，却得到了老板不冷不热的回应，又或者你遇到了一个非常鲁莽的同事，反驳了你的意见。

结束后，你可能会反复回顾。你甚至可能问一些折磨自己的问题，比如“那是什么意思”“我搞砸了吗”“我的老板不再喜欢我了吗”。千万别这样。

前FBI高管、地缘政治/国际安全顾问劳伦·安德森表示：“我职业生涯中得到的一些最好的建议来自FBI的男同事，包括我的副手。其中一个人曾告诉我，星期一早上开完会后，我必须停止自我安慰。虽然我什么也没说，但他看到了，对我说‘随它去吧，别在意它，因为那些家伙都不在乎。他们走出会场，会议就结束了’。”

当然，在某些情况下，评论或氛围实际上可能意味着一些东西，但不一定是关于你的。

高管培训师德布·布瑟表示：“在我的教练生涯中，我有时会看到女性在没有理由的情况下把事情个人化。她们赋予自己一个不存在的意义。例如，我最近与一位女性高管共事，她刚刚与一位非常难相处的男性进行了一次不愉快的互动，她对自己可能做错了什么感到不安。但我当时在场，看出她没有做错什么。对方其实就是对权威看不惯的人，而且无论是对她还是对别人，他都是如此。”

多年来，我发现男人有一种非凡的能力去看待消极的经历，且不把它们当成针对个人的，而是用积极的眼光重新塑造它们。他们会用自己的特殊词汇来描述一次挫折或尴尬遭遇，这些词汇通常是中性的而不是消极的、个人的。例如，男人不会说“他们讨厌我的想法”，而是说“他们决定转向另一个方向”。重构可以让你免去很多焦虑。

这并不是说你应该忽略警告。我完全赞成在工作中适当多疑。如果你的老板已经参加了一系列的闭门会议，而且在白天看起来很烦躁，那么麻烦可能正在酝酿之中，可能涉及他的职位，甚至是公司，你需要密切关注。

但是，一般来说，除非有正当的理由，否则不要自寻烦恼。如果某一刻让你停下来，在得出任何结论之前先问问自己以下这些关键问题。

- 对于刚刚发生的事情，除了你担心的，还有什么其他解释呢？

  ____

- 这个新的解释和你得到的其他信息一致吗？

  ____

- 如果你暂时接受这种替代解释，会有什么不好的事情发生吗？

  ____

• 有没有一种方法既能收集更多信息，又不会让自己看起来很疯狂？

____

• 你用的是二人法则[1]吗？如果是的话，你选择哪个？

____

这也是我的一条原则，它被证明是极其有益的。如果一件事给了你一种奇怪的感觉，那就放手；但如果类似的事情已经发生了，那就记下来，问问自己，“这背后的信息是什么”，然后采取行动。在我从事杂志编辑工作的过程中，我有一次和公司的老板共进午餐。我向他汇报工作时，注意到他似乎心不在焉。这对他来说很奇怪，但我没有太在意。几个星期后，当我给他的办公室打电话时，他的助理说他不在城里，我意识到他最近似乎经常不在，这也很不寻常。这一切给我的信息是：他似乎不再全身心投入了。与其只是担心它，我更重视花更多的时间与另一位老板在一起。几个月后，我的老板辞职去经营另一家公司。

1　二人法则出自好莱坞系列电影《星球大战》，简单来说就是一个师傅只带一个徒弟，只有其中一方不在了，才能产生新的师徒关系，后来其也用来指代非此即彼的关系。

而另一位老板，我和他的关系已经更好了，并得到了升职。

• 如果你认为确实发生了一些消极的事情，你该如何做出有效的应对？

如果你真的有什么要担心的怎么办

你的老板确实对你很冷淡。你可能存在绩效问题，老板却没有明确地指出这一点。相反，他表现得很冷淡或生气，或者把你排除在会议和谈话之外。你要勇敢地面对困难，不要问“出什么事了吗”，这可能使老板更加无法把话说出口，也可能会给他带来更加负面的影响。相反，你可以说：“我想坐下来和你一起回顾我的目标，这样我就能确定自己是否达到了你希望我达到的目标。”如果有什么问题，也可以引导他表达出来，然后按照“勇敢女性接受批评的指南”中的建议去做（见第161页）。

你犯了一个大错。如果你的老板没有理由知道，不要主动承认错误。但你要想办法弥补错误。如果你的老板应该知道或者可能会从他人那里知道，你就要冷静地把问题说出来，如果有必要的话，道歉并提出解决方案，同时尽可能保持积极的态度。你可以这样说："我很清楚哪里出了问题，我正在做X和Y（具体方式）来解决它，确保它不会再发生。"不要找借口，并听取反馈。

一个同事在给你制造麻烦（比如说你坏话，窃取别人的想法，或者强行闯入你的领地）。当这种情况第一次发生时，你可能会告诉自己放手，而不是去面对那个人，但这会让你感到不舒服。我发现，放手就等于允许别人再做一次，所以你必须勇敢地面对它。Square首席财务官萨拉·弗莱尔表示："当出现冲突时，你需要解释自己在做什么，以及为什么这么做。"

要求和那个人单独谈谈。高管培训师本·达特纳说，态度要坚定，但不要有对抗性，陈述事实，而不要做出推论。他说："如果同事没有把一份重要的备忘录抄送给你，不要问'你想把我隔离在外吗'，而要说'我相信这是一个疏忽，但今后我要你保证不会落下我'。"

有时候，麻烦来自一位男性同事，他似乎对你和你的想法不屑一顾。他可能在处理女性问题上有潜在的问题。如果你直接和他说，他很可能会坚持说这是你的想象。一个更好的策略可能是，请冒犯者喝杯咖啡或吃顿午餐，并试着去了解他，如询问他的背景，他如何享受业余时间等。让他开始把你看成一个普通人，而不是一个他会感到威胁的人。除此之外，分享他觉得有用的信息，在会议上支持他的想法，甚至合作一个项目。

如果制造问题的同事没有停止动作呢？你应该强硬起来吗？这取决于你的公司文化和环境。但有一句古老的谚语值得考虑：永远不要和猪摔跤。因为这样做，双方都会弄脏，而猪喜欢这样。换句话说，如果事情变得更糟，可能会给你带来麻烦。

高管培训师莉兹·本特利表示，更好的方法是“坚持自己的工作，保持耐心”。老板们最终会发现那些行为不端的人。

本·达特纳表示同意。阳光是最好的消毒剂，事情迟早会大白于天下。但要尽可能地用可见性来保护自己，比如发给合适的人一封与此有关的电子邮件，证明你在坚持重要的事情。如果你和同事之间出现问题，尽你所能避免去找你的老板，因为根据我的经验，大多数老板不喜欢去仲裁这类问题。如果你最终认为情况严重到需要老板的介入，就不要说得像个搬弄是非的人。冷静地解释这个问题，冷静地描述你认为的可行的解决方案，并向你的老板征求意见。

一个男同事对你性骚扰。也许他第一次这么做的时候，你忽略了，认为自己可能听错了。但后来他又说了一遍，你知道自己听对了。不要再沉默下去！在联系人力资源部之前，看看你自己能不能把事情搞定。不要表现出敌意（尽管你有权这么做），用坚定的声音告诉他，他的评论让你感到不舒服，你希望他停止。让你的老板或一个值得信任的同事加入对话，这样如果有必要的话，以后就会有人来证实情况。如果他不停止，或报复你，马上去找人力资源部。虽然也有例外，但我们都知道，优秀的公司会认真对待性骚扰问题，尤其是现在，人力资源部门会调查并采取行动。

你最近的项目刚刚偏离轨道。不要猜测原因，迅速收集数据，不断听取团队中能给你带来信息的人的回馈，但是尽量不要显得惊慌失措，倾听并询问意见。尽快确定必须采取的步骤，然后采取行动。如果偏离轨道是由于下属的失误造成的，那就一对一地交流，尽量保持中立，这样那个人就会把你需要知道的都说出来。

把一切都搞砸了。停止你正在做的事情，深呼吸，评估一下。这个方法是来自旧金山的律师克里斯蒂娜·塔巴科在接受南非游猎向导培训时学到的，在任何工作场合都是很好的建议。“那些最了解丛林的向导有着令人难以置信的能力，一个艰难的时刻展现在他们面前，他们会吸收正在发生的一切，”她说，“对我们这些初来乍到的人来说，这种等待是痛苦的，但其往往也会导致局势在没有采取多少‘行动’的情况下解体或降级。”

利用这段时间，牢牢把握真正的问题是什么，并制订一个行动计划。

别让他们看着你一个人辛苦

当你感到有压力的时候，你可能会尽力不表现出来，尤其是在你的老板和高层管理人员面前。事实上，你可能会反应过度。

帕森斯在对高管的评估研究中发现，处于高管职位的男性，更有可能在任何逆境中赢得认知战。她说："他们在比赛中保持着充沛的体力，奋力快速地向前推进，有时甚至是以一种超越极限、咄咄逼人的方式。他们为资源而战，为上市时间而战，并积极争取胜利。然而，处于压力之下的女性往往是谨慎的决策者，会放慢这一进程。她们在会议上安静下来，跑开，学习，分析更多内容。"

帕森斯发现，男性在逆境中表现出来的典型行为，最终会被领导人视为"领导者式"的，而得到升职。那些给人留下"忧虑型"印象的女性则不然，她们被认为胆怯、优柔寡断、缺乏勇气。

不管情况有多可怕，都不要退缩。让自己完全沉浸在"游戏"中。

下图是帕森斯建议的重要步骤。

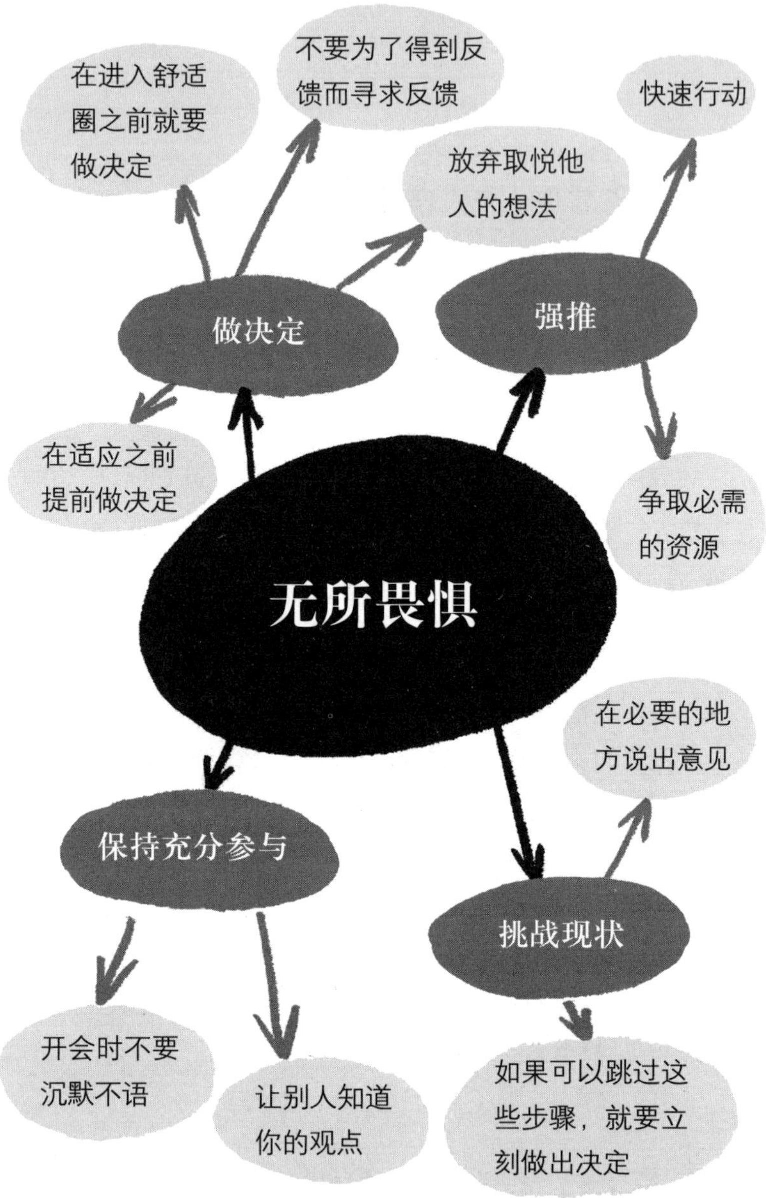

如何不让自己看起来一团糟

几年前，当一位资深女性电视高管陷入困境时，一位同事在一家大型杂志的一篇文章中将她匿名为“一团糟”。

你永远都不希望别人那样看你。如果你不控制局面，就会使全局崩溃。练习方形呼吸（见第132页）。不要过量摄入咖啡因或拒绝运动。即使你熬夜，也不要放弃洗头、吹头发和化妆。表现出冷静实际上可以让你更冷静。

勇敢女性接受批评的指南

一个乖乖女最害怕的事情之一就是被她的上司批评。当然，这一点都不有趣，但有效的批评是培养你的技能和判断能力的必要工具。

布瑟说：“我发现女性有时在受到批评时变得超级敏感和防备。她们可能会拒绝接受反馈，或者她们会以更微妙的方式表示抗拒，比如通过肢体语言。”

过去，当老板说你的表现不好时，你是如何回应的？你是否注意到了，做了笔记，并承诺要解决这个问题？还是你变得易怒，闷闷不乐，眼泪汪汪，好争辩？当你拒绝批评的时候，你不仅在那一刻，而且可能在很长一段时间内，都抗拒了与老板的重要沟通。

一些研究表明，老板们有时会避免批评太过自我的女性。但你不希望这种情况发生。你需要知道问题是什么，这样你才能解决问题。

莉兹·本特利表示，不完美的绩效考核能让你“看到自己的真实一面。它既具有启发性，又很重要”。

下次老板批评你的时候，采取下面这些大胆的步骤，可能会让你收获很多。

- 听。认真地听，不要中途打断，保持专注，并在适当的时候提出问题。“这应该是一个充满好奇的时刻，”布瑟说，“如果你不清楚问题所在，可以要求进一步的解释。”你可以这样说：“你介意给我举个X的例子，让我更好地理解吗？”如果是对某个重大问题的批评，比如一项任务，在讨论过程中记笔记可能会有帮助。

- 深呼吸，然后放下。批评与你的自我价值无关。其是关于获得有价值的洞见，即使它会刺痛你，或令人困惑。

- 尽可能不带防备地重复你老板所说的要点。这可以确保你正确地处理信息（当你有压力的时候，这是很困难的），并且可以帮助谈话更顺利地进行。

- 提出解决方案。理想情况下，你的老板会有提议，但你不能指望他提。假设他批评你，因为他觉得你没有让他充分了解你的工作，你可以这样说："如果我每个星期五都给你发邮件，告诉你最新的情况，你觉得怎样？还是你更愿意面谈？"

• 会议结束后，给你的老板发封邮件，回顾一下你们讨论的内容。没有必要关注消极的一面。相反，要感谢他的反馈，并说明你打算在什么时候采取积极的步骤。

• 防患于未然。在你向朋友或伴侣抱怨这一切的不公平之前，勇敢地承认有多少批评是合理的。如果你的表现真的没有达到标准，试着去找出为什么。例如，"如果你的老板抱怨你没有按时完成任务，问问自己'我为什么要拖延''这是怎么回事'"。心理学家阿特金斯说。

• 如果这些批评是全部批评的一部分，花点时间处理这些信息，但不要对此发脾气。随意的匿名评论可能会被忽略，但不要忽视一致的负面评论。要仔细思考这是真的吗？你需要解决这个问题吗？

• 如果批评没有根据呢？承认对方的感觉仍然很重要（"我知道你是如何得出这个结论的……"），然后提出一个纠正这种看法的策略。

如果你被批评哭了怎么办

我们知道，在工作中哭泣通常是不明智的，即使是在同情你的老板或支持你的同事面前。但有时，在会议或讨论中遇到困难的时候，这种情况就会发生。如果你控制不住自己的眼泪，礼貌地为自己辩解，但不要说："我太情绪化了。"你可以说："我对这个问题太有感情了。"在最近的一项研究中，哈佛商学院博士生伊丽莎白·贝利·沃尔夫和同组的研究员发现，与承认自己"情绪化"相比，那些在表现出痛苦后说自己"有感情"的人被认为更有能力。或者简单地说："我需要几分钟。如果你不介意的话，我想今天晚些时候再谈。"

如果有一件事是我多年前就希望知道的，而现在我可以告诉你的是，我担心的事情中，99%都没有变成我无法解决的事情。

勇敢女性的关键词

- 少担心，问问自己可能发生的最坏情况是什么。
- 直面困难，而不是希望它自行消失。
- 不要让他们看着你一个辛苦。如果出了什么问题，积极参与，大声说出来，表明你能控制局面。不要轻易放弃。
- 将批评视为发展的有力工具。听，接受，学习。

Girls

♀

第八章

抓住优势特点

Chapter 8

A Gutsy Girl Owns Her Excellence

有位和我谈过话的女士看起来精力充沛，消息灵通得令人难以置信。我们是陌生人，但在一次社交活动中，我们互相介绍了自己。“你的专业是什么？”谈话开始几分钟后，我问道。她的回答是：“我与公司磋商未来的趋势。”

直到我们分手后，我看了看她给我的名片，才发现她实际上是自己创办的研究公司的总裁。

女性常常低估自己的工作、技能和对未来的抱负。这就好像我们害怕听起来太过自夸，这会对我们不利。

你必须勇敢地承认自己的卓越和抱负，并宣布：“这就是我，这就是我知道如何去做的事情，这就是我想要的。”平时多加练习会让这一切变得容易得多。

当你不知道自己的优点和抱负是什么时，问题不仅会让你在社交或面试时显得过于谦虚，而且它会影响你的行为。这会让你感到自卑，犹豫，不敢发表意见，不愿向前走。这真的会打乱你的发展。

拥有卓越和抱负意味着：

- 散发自信；
- 不要为你是谁、你想要什么而道歉；
- 看、听和参与其中；
- 有效地表达自己的想法和观点；
- 觉得自己有权要求获得自己需要（也应该得到）的访问、信息和资源；
- 做好接受新工作、晋升或机遇的准备；
- 成为个人职业生涯的严格塑造者。

小而有力的建立自信的技巧

在我参加哈佛商学院女性领导论坛期间，60多名与会者每天一起吃午饭，我们利用这个机会讨论了无数的工作话题。有一天，“骗子综合征”的话题被提了出来，当时桌子前的每一个人都承认有时会有这种经历，包括那个管理着最高安全级别监狱的、令人难以置信的、明显很厉害的女人！

这并不让我感到惊讶。我经常听到非常成功的女性描述她们在危急情况下，来之不易的信心莫名其妙地消失的时刻。她们说自己被“内在批判者”接管了，或者正如一个女人所说的，“内心变得空空如也”。

下面是我学到的一些对付内心谴责的最佳策略。

- 要知道，你做的事情越多，问题就会变得越不可怕，你就会越不害怕。你会发现，第一次演讲的时候，你会想是否应该带一个呕吐袋到讲台上，但是如果你做得足够多，你就有机会爱上演讲。
- 不要担心需要把什么都知道得一清二楚；相反，你只需要非常清楚地了解几件事。“科技女性”组织的创始人瓦莱丽·佩洛维茨说，这一策略帮助她成为科技行业的早期女性参与者之一。虽然这看起来难以做到，但要做到这一点，最好的方法是对你所在领域的3～4个项目有足够的了解，对其他话题也要足够了解，让别人觉得你知道他们在讨论什么。这是一种很好的交际方式，因为你可以谈论很多话题，并且在其中一些方面是专家，这使你成为交谈的核心。
- 心理学家戴尔·阿特金斯说，当你有自我能力否定倾向时，提醒自己你知道什么（事实上，对于这个问题，你可能比其他任何人知道得都多），承认你不知道的东西。区分这一点可以很轻松。不要指望自己什么都知道，但要专注于自己的专长。
- 有个从海豹突击队借鉴来的方法，即他们在充满挑战和痛苦的遭遇中会使用积极的言语安慰自己。这对我们这些凡夫俗子也同样有效，可以这样对自己说：“我完全了解我自己，我今天要让XX轰动起来。”

• 参演过《权力的游戏》和《饥饿游戏》的女演员娜塔莉·多默尔曾经和我分享过一个技巧。这是她从一位年长的演员那里学来的，在她演艺生涯的早期就开始用它来试镜：与其担心自己不被喜欢或别人可能会对自己有负面看法，不如把注意力集中在自己能带来的一切，以及自己如何解决问题上。例如，你所推销的产品或想法可能会积极地改变对方的业务方向。

• 我从美国电视网络Telemundo的第一位拉丁裔总裁、《纽约时报》畅销书《自我成功》（我爱这本书）的作者尼莉·加兰那里学到了一个妙招。我和尼莉是在可口可乐举办的杰出女性大会上发言时认识的，她告诉我，如果她遵循那句古老的格言“做你自己”，她永远也不会做得那么好。她参照自己崇拜的，认为勇敢、有能力的人的自信和活力，建立起自己的自信。“我把这叫作‘假装’，”她告诉我，“但这不仅是假装那么简单。当你感到害怕时，这更像是一条通往自信的捷径。”

抱歉，不道歉

乖乖女总在道歉。她们为打断会议来分享一个绝妙的想法而道歉，或者因为得知自己抢了同事的升职机会而道歉。我在金融界的一位负责招聘的朋友说，她面试的女性经常会为自己不是申请职位的完美人选而道歉。她们会这样说："我知道我的背景并不是你想要的，但是公司里的一个朋友鼓励我申请。"

美国职业咨询和高管培训公司Weil & Wein的联合创始人兼合伙人特丽·温表示，女性在要求加薪时也经常道歉。她们可能会说："我想该给我加薪了。我知道这是一大笔钱，我很抱歉，但……"

别道歉了！

当然，需要道歉的时候，道歉是必要的，但是当你习惯性地每次都脱口而出的时候，道歉就会发出不安全感和缺乏自信的危险信号，并被翻译成"我不配"。这种想法会削弱你想给人留下的印象，让你偏离正轨。

有些事情不需要道歉：

- 不请自来地抛出一个想法；
- 提出与他人不同的观点；
- 获得晋升；

- 一位同事也在争取升职；
- 想要加薪；
- 获得比同事、朋友更高的加薪；
- 不是百分百完美匹配一份潜在的工作；
- 同时利用多个工作机会；
- 赚很多钱；
- 野心勃勃。

为什么需要高管风度

在第四章中，我谈到了着装打扮对成功的重要性。但是，随着你事业的发展，你也需要培养一种被称为“执行力”的东西，它不仅是指你的衣服、妆容和发型。

根据人才创新中心2012年的一项研究，高管风度占获得晋升所需条件的26%。研究指出，它不仅涉及适当的外貌打扮，而且要掌握沟通的艺术。你需要成为一名优秀的演讲者，知道如何指挥一组人，并且能够明察。这些元素相互作用，可以产生一种权威的氛围。研究表明，仅仅有高管风度并不能让你升职，但缺乏这种风度会阻碍你的进步，尤其对于女性或者有色人种来说。

可以通过以下几点来尝试建立高管风度。

• 评估你的外表。你真的在为渴望的工作打扮自己吗？如果没有，就进行调整。注意你所在领域的名人是什么样子的，模仿她们。

• 参加公开演讲课。注意每年参加复习课程。

• 充分利用每一次演讲或演讲的机会，即使一开始会十分紧张。你说得越多，你就会变得越熟练。

• 不要读演讲稿。把它写下来，粗略地记在脑子里，然后把关键点记在一张便签卡上，根据这些要点演讲。如果能进行对话式的演讲，可以取得更好的效果。

• 当你做任何形式的演讲或交流时，与人保持目光接触，每次只看一个人并持续至少4秒钟。你的自然倾向，尤其是当你紧张的时候，会让你的目光在听众头上游移，这会使你的说服力和权威性大打折扣。一开始你会有点怕良好的眼神交流，你会担心人们认为你在做《玉米田的小孩》[1]中讲述的事情，但随着时间的推移，这样做就会变得完全自然，观众会热情回应。几年前，一位演讲教练教过我这个技巧，效果非常好。

• 学习洞悉听者的反应。经济学家西尔维亚·安·休利特是“高管风度研究”（其所著《高管风度》是一本很棒的

1　《玉米田的小孩》是美国知名作家史蒂芬·金创作的小说，讲述了一个小孩通过盯着他人眼睛，操控他人思想的恐怖悬疑故事。

书）的领头人。休利特表示，多亏了互联网，我们今天有办法了解大量我们遇到的人。“如果你是第一次和某人见面，一定要提前做好调查。找到你和那个人的联系，这样你才能最好地满足他们的需求。”也许你们都来自同一个地方，或者在大学里从事同样的运动，然后提出这些话题。另外，注意肢体语言。如果对方的注意力正在减退，发挥自己更高的水平，也可以做更多的互动。

• 练习表达你的观点。根据Lean In和麦肯锡的研究，在组织中，展示自己的女性比男性少。让你公司的人知道你有聪明的想法，并且渴望分享它们。

如何在会议上提出一个不被忽视的想法

在不久前我参加的一次会议上，我有机会和金·雷诺兹聊天。作为爱荷华州的副州长，他和我们讨论的话题之一是，会议上提出一个想法被完全忽略了，是多么令人沮丧。而且，有时候人们根本就没听你在说什么。5分钟后，你沮丧地听着一位男同事提出同样的想法并得到热情的回应。

如果发生这种情况，你可能是办公室政治甚至性别偏见的受害者，但在某些情况下，责任可能在你身上。你可能没有足够有效地表达自己的想法，让人们真正听到你说的话，或者你在开头解释了太多，没人明白你的意思。以下是如何提高你被倾听和回应的机会的方法。

首先，开会时千万不要冷眼旁观。提前准备，甚至排练你想要表达的观点，对议程和参与者做尽可能多的调查。已退休的FBI高管劳伦·安德森表示："我总是在开会前做好各种准备。我会了解开会时关键人物的日程安排，以及房间里同事的日程安排，然后和他们交谈，但不要让人觉得很明显。这样做还可以巧妙地向他人表明，你不仅关心自己，还对他们的观点、需求、愿望感兴趣，并传递了一个强有力的信息。"

在会议桌上选择正确的位置。你不想离负责人太远，但你也可能不想紧挨着他。"如果你坐在老板旁边，"朱迪思·霍尔博士说，她是美国东北大学著名的心理学教授，专攻人际关系和非语言沟通，"那么他几乎不会看你一眼。"

她建议，如果你坐在一张小桌子前，或者只有两个座位，那么你应该坐在老板对面；如果你坐在一张会议桌前，且老板坐在顶头的位置，那么你应该坐在中部的位置。她说："在发言之前，整个会议期间都要和你的老板保持良好的眼神交流。你要让自己看起来全身心投入。"

试试道具。安德森说，她坚信要确保自己在会议桌上的空间是开放的，而不是拥挤的。"我总是带一些道具——饮料、便笺、电话等，然后摊开一点。”我也这样做了，但利用的是身体上的小动作——保持我的手臂相当开放地放在桌子上，而不是将手放在我的腿上或桌子下。拥有自己的空间可以传递自信，传达出你不会被吓倒的信息。

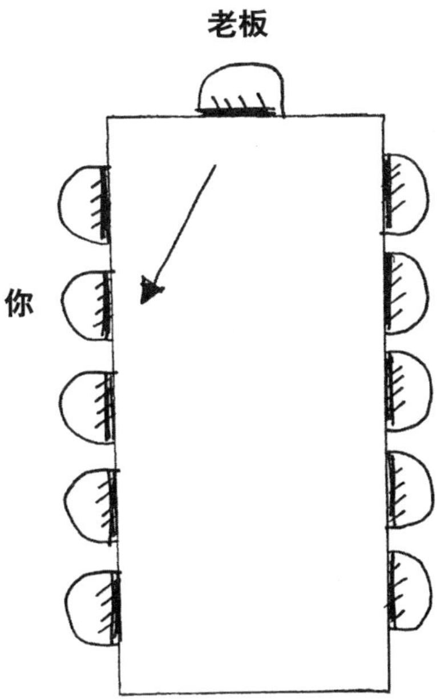

当你准备好分享一个观点或想法的时候，花点时间来获得发言的机会。不要突然宣布你的想法，你可以这样说：“我有一个想法，可以为我们节省5%的运输成本。”

用足够大的声音发言，马上切入正题，说出你的想法或评论。试着用几句话把事情总结起来。休利特说：“事先做准备是件好事，但女性在做报告时，有时会过分关注自己做过的事情。不要向他们抛出很多数据，抓住本质或附加值，这两点是最关键的。”

如果你想表达自己的观点，那就勇敢说。萨拉·弗莱尔说，年轻女性可以想象一下，数字1代表没有骨气，数字10代表令他人讨厌，然后把目标定在10。“因为如果你的目标是10，”她说，“你最终会达到7，而如果你的目标是7，你最终只会达到5。”

休利特说，也要认识到身体语言的力量。“用沉默烘托重要的观点可能非常有效。”

强大的结束语。编剧萨拉·海沃德说，她是在看老板莉娜·杜汉姆的表演中学到这一点的。海沃德说：“她从不说模棱两可的话。她总能找到一种方法来达成自己的想法，因此她听起来口齿伶俐、聪明睿智。我完全是从她那里偷来的这个策略，无论什么时候我有演讲、会议或面试，它都会派上用场。”

如果有人劫持了你的想法，最好不要脱口而出“嘿，那是我的想法”，这只会让你看起来像是在自卫，甚至是绝望。你可以这样说：“我很高兴听到有人重复这个观点。这是一个重要的想法。”这样你仍然拥有部分所有权。

如何阻止被插话

正如有些男性经常在会议上“听不到”我们的想法一样，他们也会打断我们，尤其是在男性主导的环境中。做一个勇敢的女性并不能阻止此类事情发生。

根据发表在《哈佛商业评论》上的一项实证研究，最高法院的男性大法官打断女性大法官辩论的频率大约是他们在口头辩论中打断男性的3倍。

哈里斯·金斯伯格是一家领导力和高管培训咨询公司的创始人兼管理负责人，他说曾看到一位女性领导人完美地运用了以下方法：“那位女领导举起她的手，手掌向前，说：‘请让我讲完我的观点。我就快讲完了，我很高兴给大家发言。’”

学习权力的语言

拥有雄心壮志的一部分是认识到前进所需要的东西，准备好并愿意学习你所需要的技能。

近年来，很多公司都在强调管理培训项目中人际交往能力的重要性，但咨询公司LeadingWomen的首席执行官苏珊·科兰托诺表示，这种强调只能起到有限的作用。她所在公司的研究表明，这只是女性晋升到最高管理层所需条件的一部分。她表示："我们发现，企业夸大了某些技能和活动的重要性，比如善于与团队合作、自我推销以及获得导师。事实上，你只需要在这些方面足够好就行了。这不是你登上顶峰的全部所需。"

那么，还有什么呢?

她表示："你需要了解业务的基本面。你必须知道公司的发展方向，以及你在帮助它实现这一目标中所扮演的角色。你必须像首席执行官一样思考发展商业、战略和财务智慧。这种敏锐让你能够帮助实现公司的财务目标，并维持非凡的业绩。"

科兰托诺强调，如果没有这种敏锐的洞察力，你就不太可能被视为具有领导潜质。她指责企业在一定程度上没有向女性员工强调商业智慧的获取。有时，这被看作一种馈赠。她认为，男性往往可以通过被鼓励担任的职位和非正式的指导来获得这种智慧。

下一页的图展示了科兰托诺认为培养所需智慧的一些最佳策略。一旦你学会了，把你的知识融入你的团队中去，并且当你和上级讨论团队表现时，把它和公司总体目标联系起来。

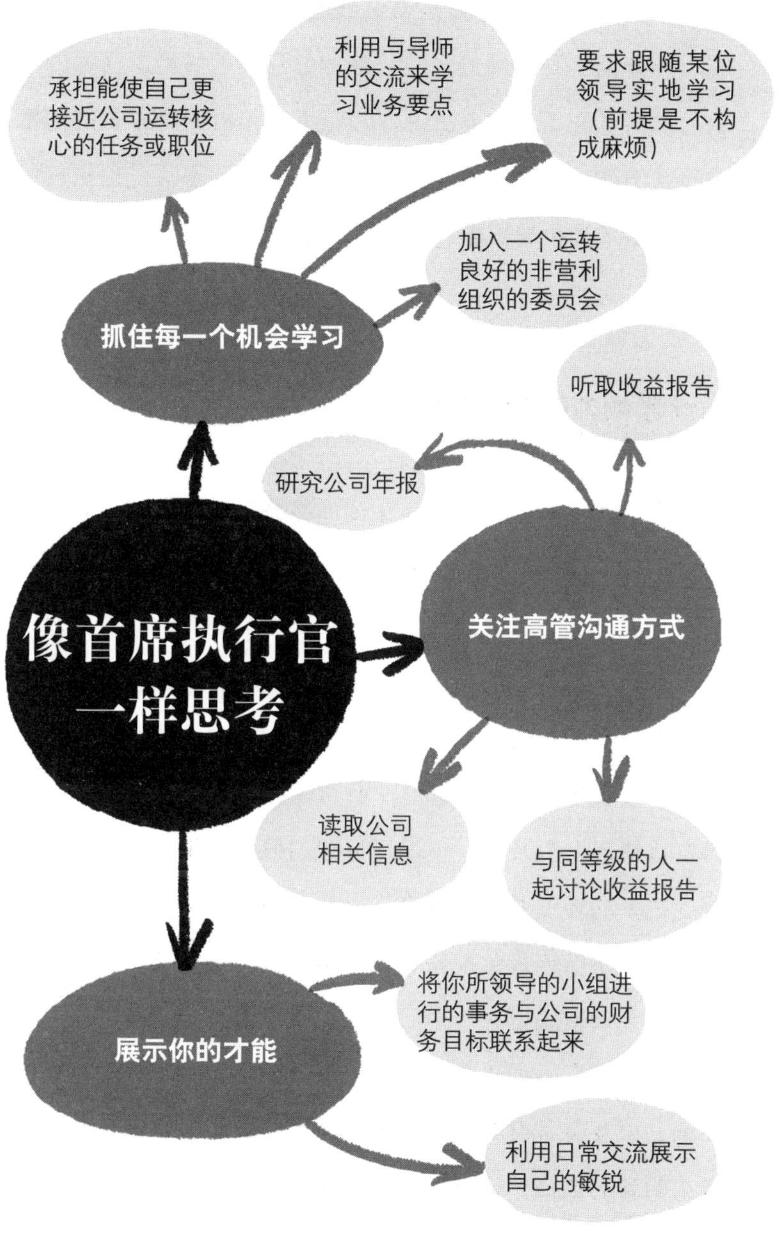
像首席执行官一样思考
抓住每一个机会学习
承担能使自己更接近公司运转核心的任务或职位
利用与导师的交流来学习业务要点
要求跟随某位领导实地学习（前提是不构成麻烦）
加入一个运转良好的非营利组织的委员会
关注高管沟通方式
研究公司年报
听取收益报告
读取公司相关信息
与同等级的人一起讨论收益报告
展示你的才能
将你所领导的小组进行的事务与公司的财务目标联系起来
利用日常交流展示自己的敏锐

权力的语言并不总是与金钱有关。根据不同的领域，它可能涉及某种类型的经验，例如信息技术技能。《神奇女侠》的导演帕蒂·詹金斯说，她花了10年时间对电影的拍摄进行全方位了解，这让电影高管们相信她能够“处理电影的技术问题”和执导电影。

提升影响力的4种方法

你的头衔和职位并不能保证你在公司的地位。你必须积极工作来发展和巩固你的影响力。

1. 提升盈利能力。几乎没有什么比这更有效的了。

2. 意识到自己有权得到重要的信息和人。当我第一次担任主编时，我对发行数据知之甚少。为什么会这样呢？因为我从来没有机会学习它。几个月过去了，发行部门会分享零售发行情况，以及续订情况，但他们很少提供更多信息。尽管这些人的地位并不比我高，但他们似乎遵循着这样一种准则：编辑不应该接触某些发行数据，因为这可能会让他们亢进（甚至歇斯底里）。事后看来，我意识到当时我完全有权获得这些信息，如果我能安排一系列的会议来解释这些基础知识，以及每月召开一次会议来回顾所有重要数据，那将是多么明智的选择。认识到你需要知道的东西，并着手去获取它。接触那些能给你提供真知灼见的人。

3. 建立联盟。在领导力性格评估研究中，能力证明报告（CDR）评估小组主席南希·帕森斯发现，成功的女性高管往往会结成强大的联盟，帮助她们赢得认知游戏，并迈入更高的层次。所以，你要注意培养工作中的友谊和联盟。还要多注意同事的好想法，传递对他们的工作有价值的信息，与其他部门和你级别相同的人交朋友，和他们一起喝咖啡或吃午饭，当他们取得重大胜利时，给他们发祝贺邮件，利用公司的活动来了解老板在其他部门的级别。

4. 继续做一个风险代理人和开拓者。如果你能证明自己是多么有创造力和远见，即使冒着风险，也能提升你的声誉。

两个阻碍成功的因素以及处理它们的方法

当你最终拥有自己的雄心壮志时，很多好事就会发生，但你几乎不可避免地会遇到阻力，尤其是当有人似乎隐约——或不那么隐约——受到你的成就的威胁时。这其中一般包含两个棘手的问题。

你的老板似乎在妨碍你获得成功。在杂志行业，我很幸运，遇到了对我的职业生涯有所投资的伟大老板，但这在生活中是无法保证的。成为你的导师或帮助你的事业不是老板的工作。不幸的是，有时候你的老板还会阻挠你。这种老板可能会称赞你的工作，给你有选择的任务，但却不会提拔你到更高的职位，甚至可能会为你的一些成就邀功。或者他仅仅是一个没有效率的老板，你担心自己会被这个人糟糕的表现所连累。

我有一个负责为大学筹款的朋友，她的老板曾全力支持她，直到她接手了一个小项目后，老板的本质才暴露出来。学校的主席想做一个关于这个项目的报告，我朋友的老板建议他自己做报告的前半部分，她做第二部分。但当轮到她的时候，他继续说下去，让人觉得她并没有真正参与进来。

在这种情况下，你可能会想，一开始答应老板做收尾工作是否明智，应该尽可能多地向职位更高的老板提出自己的想法。这可能听起来不错，但却是一种潜在的危险策略。

然而，你所能做的是与组织高层的人建立联系，甚至找到支持者。在公司和行业活动中，甚至在电梯里，接近这些人（即使你有一个好老板，你也应该这样做）。你可以评论他们的成功或者问一个聪明的问题。如果这个人与你交谈，谈论你的部门，有必要的话你要表扬你的老板。如果你的老板效率低下，自己可以试着承担一些对部门有好处的项目，这会提高你的知识和技能。老板的无能会变成你成长的机会。

理想情况下，你的人际关系网或者特殊项目会让你尽早升到新职位。如果没有，将眼光放长远。吝啬、有威胁或无能的老板很少有进步，通常唯一的选择就是去别处找一个支持你的老板。有很多这样的老板。

在你的部门或公司里，男同事通过参加所有仅限男性参加的活动将你淘汰出局。即使在不是男性主导的领域，有些男性也会这样做。他们一起打高尔夫球或参加体育比赛，不邀请女性同事参与。问题是，在这种情况下，往往会产生联系、构建网络、信息共享和创意发生。对此应该如何应对？我最近看到一篇文章，专家建议去找人力资源部解决。“为什么要踮着脚尖跑去找人力资源部？”FBI执行官劳伦·安德森说，“勇敢点，走到那几个男生面前，说‘我觉得这个游戏很有趣，下次我也要去’，或者想出其他有趣的点子，让每个人都能参与其中。”

如何让女性力量成为你的秘密武器

人多力量大，所以去结盟吧。你所在的公司是当今众多提供妇女会议或妇女领导委员会的公司之一吗？参与其中，建立网络，结成联盟。你也应该加入所在领域的女性网络组织和社区。甚至可以创建自己的小组，在晚餐时分享信息、要务和策略。

在你自己的工作场所也要培养女性力量。我认识的一位金融界顶级猎聘人员十分赞同女性伙伴制度。“你们互相关照，互相支持，”她建议，“甚至不需要非常正式的组织。假设你要去参加一个会议，你打算在会上提出一个想法。但会上至少会有一个人喜欢独揽发言，对你的意见表现得不屑一顾。如果有一位你喜欢并信任的女性也出席会议，那就提前问问她，能否接受你的想法。当我这么做的时候，那位女士几乎总是在会议上认可我的想法，并使情况发生改变。”

管理成功

当你的事业真正开始起飞时，你可能会忙于管理自己的工作职责，而忽略了管理自己的成功。你必须成为事业的理智塑造者。

你准备如何管理成功？我建议你每周花30分钟来审视自己的工作、品牌和成功。你对自己的工作满意吗？你准备好迎接新的挑战了吗？你热爱自己的工作，却发现自己身处一个有害的环境中吗？你工作太努力了以至于你不能享受生活吗？研究表明，持续奋斗会形成一种坏习惯。

如果你没有达到职业目标，你应该重新审视你的品牌和核心价值观。反复思索自己的工作，定义现实可行的步骤，让你离想要的成功更近一步。

然后，制定一个时间表来实现它。下面有4个关键的职业发展步骤帮你管理成功。

1. 不断加强你的力量。我在前面提到过马库斯·白金汉的策略，我对此深信不疑。我职业生涯中做过的最好的一件事，就是在一份叫作《家庭周刊》的破旧周报副刊上找到了一份高级编辑的工作。这份工作可能并不迷人，但它确实提高了我的编辑技能，给了我巨大的信心。想听一些令人惊奇的事情吗？在那里工作的编辑，包括我自己，后来成为以下杂志的主编：《体育画报》《费城》《智族GQ》《红皮书》《McCall's》《职业女性》《儿童》《时尚》《奥普拉杂志》《美国健康》《17岁》和《时尚先生》。我不认为有任何其他工作能给职业生涯带来如此多的动力。加强力量对我们所有人都有很大的好处。

你的缺点是什么？尽可能地中和它们，或通过有效的授权来管理它们。

这是微软负责客户和设备销售业务的玛丽亚·巴特勒的成功策略。“当我还是微软新加坡分公司的首席财务官时，我不得不在纳税申报单上签字，而且我要对它的准确性负责，所以我在准备工作中严重依赖税务专家的指导。同样，当我搬到美国，看到可能导致应税事件的问题时，我虽知道的足够多，也能够识别它们，但仍会寻求专家建议。这是一种选择。我本可以在我居住的每个国家深入学习税法，但我决定专注于我擅长的其他领域。我喜欢深入我所参与的业务，我喜欢领导和发展团队，帮助他们成长和提高盈利能力。”

2. 计算一下你的职业。你所在领域的成功人士是什么时候达到某些目标的？你的蓝图不一定要与他们的完全匹配，但了解行业“规范”和观念是件好事。有时，有些路是行不通的。

3. 网络力量。永远不要想当然地认为参加活动就有可能会遇见谁。提前知道谁会在那里，给自己一个“遇见”计划。你想要见谁？一旦你到了那里，尽一切努力与他们攀谈，递上名片，要求对方也递上一张。参加每一个社交活动，目标是结识一定数量的联系人，以及获得至少一个绝妙的想法。

4. 带着问题去吃午饭。一个简单的问题。在这点上，男人通常做得很好。他们不会仅仅是为了聊天而和导师、赞助商或行业伙伴聚在一起。他们会提问。为了获得信息、洞察行情、取得联系方式或面对面的介绍，你也要做同样的事情。

你可能比你认为的更有准备

在你的职业生涯中，最糟糕的事情之一就是看到别人得到了一个绝好的机会，然后想：它要是我的就太好了。也许它没有发生的原因是，尽管你雄心勃勃，但你却没有为它付出行动。我喜欢这句话："错失的机会会被别人得到。"让我再说一遍：错失的机会会被别人得到。

如果你在过去没有为一个或多个绝佳的机会行动，我敢打赌我能猜对原因：你说服自己还没准备好，甚至还不值得拥有。

你必须停止对准备的恐惧，否则会阻碍自己前进。我认为第一步是认识到当你发现自己犹豫地去追求一个机会——无论是工作中的大任务、升职或一份新工作时，你都匆忙说服自己不情愿。这通常是一个信号，表明你确实非常渴望，但是害怕失败，所以阻碍了自己。

一旦你接受了自己有多想要它，你也必须认识到这个非常重要的事实：你不必做好百分之百的准备去追求它。

你听说过一项研究吗？该研究表明，女性往往只在觉得自己达到了100%的标准时才会追求升职，而男性通常只在达到60%的标准时就会追求升职。虽然这一数据出现在好几本书中，并经常在文章中被引用，但事实证明并没有这样的研究。这显然是从咨询公司麦肯锡一位男性高管的评论中推断出来的。但是，让我们面对现实吧，那家伙是对的。女人常常觉得她们必须完全做好准备，把所有的事情都安排得井井有条。完全没有必要这样！

以下是我的建议。当涉及升职、换新工作或重大机遇时，在你准备好之前，或者感觉准备好了就开始行动。高管培训师特丽·温说，关键不在于你是否具备这份工作所需的所有技能，而在于你是否能够学习这些技能。她建议："在求职时，先答应对方，然后再想办法去做。对于大多数职位，申请人具备一些资格，但不是全部。如果你聪明而且学得快，你就能应对这份工作。"

有没有什么事情是你一直在告诉自己，却还没有准备好去做的？改变你的模式。

不是："准备，瞄准，开火。"

试试："瞄准，开火，准备。"

放手去做。这将对你的职业生涯产生巨大的影响。

勇敢女性的关键词

- 不要担心别人会怎么看你，而要关注你给会议或演示带来了什么信息，以及这些信息对公司有什么价值。
- 说出你的想法，不要犹豫，不要限定条件，更不要道歉。
- 像首席执行官一样思考。这意味着你要获得商业智慧并加以利用。了解你所在的领域如何为公司利润做出贡献。
- 管理好你的事业、成功，就像管理你的工作那样。
- 在你准备好之前开始。你不必为升职或新工作做好百分之百的准备。你可以在做中完善。

Girls

♀

第九章

成为一个勇于创新的老板

Chapter 9

A Gutsy Girl Becomes a Kickass Boss

如果你对自己的工作和事业采取一种完全大胆的态度，几乎可以保证你有一天会掌控一切——对人负责、对公司重要领域负责，甚至对公司本身负责。

你所有勇敢的策略都会帮助你到达顶端。但现在，你比以往任何时候都更需要一些策略。成为老板和领导者是令人兴奋的、有趣的、自由的（你说了算）和有益的，但也有很多挑战，在一开始甚至会特别令人畏惧。你必须给老板带来巨大的成果，激励和监督为你工作的人，驾驭有时激烈的办公室政治，并始终保持冷静。

学习如何成为一个勇敢、有魄力的领导者的最好方法之一，就是思考你遇到过的最好的老板。他们出色地完成了什么？如果有的话，他们的缺点是什么？也要充分利用公司提供的任何培训项目或高管培训。

与此同时，本章还会提供一些你可以利用的策略。

直击要害的老板总是从任务和计划开始

当你是一个老板和领导者的时候，你必须对希望完成的事情有一个愿景，并有一个实现它的计划。

如果你在管理一个公司或部门，你的任务反映的是整个公司的目标。在某些情况下，一个任务交给你后，你会想从老板那里得到尽可能多的明示。安排会议，倾听，清楚地表达你的收获是什么。

在其他情况下，你可以自由地为一个部门或领域创建自己的目标，只要它符合公司的总体目标并推动盈利。当我第一次成为一家杂志的文章部主管时，我的老板告诉我要“让文章令人兴奋”。不管你是在制定自己的任务，还是在执行别人交给你的任务，都要做好功课。收集数据并与你的下属交流。我的建议是，一开始，不要在小组会议上做直接汇报，因为这可能会让某些人有机可乘，而且也没有什么效果。你可以和自己的顶头上司事先一对一地交流。

作家迈克尔·D.沃特金斯在其绝妙的著作《前90天：提高速度和智慧的有效策略》中指出，屈服于快速做事的冲动是危险的。你必须花时间去学习和提高速度，而不是假设你一开始就知道答案。沃特金斯说，目标是“有价值的情报……知识能让你更早地做出更好的决定”。这种情报将帮助你形成使命，并决定你的第一步应该做什么。

我一直相信，把你的使命总结成一份清单会有所帮助，就像你把自己的职业品牌总结成一份清单一样。《时尚》杂志的品牌由一句宣传语展示：有趣无畏的女性。这也是一个为之努力的极好的口号。我把这句话印到桌子上的每样东西上——创意、时尚、照片、活动，等等。而且，如果它们与口号不匹配，我就将其放弃。我经常提醒我的员工这些要点。因为牢记这句话，我们没有试图将目标定为年轻女性所关注的一切。《时尚》杂志上没有严肃的报道、精巧的列表和保守的时尚。我们偶尔也会产生一种挫败感，例如，我们最直接的竞争对手专访总统候选人，而我们没有，因为我知道《时尚》的读者并不期待我们有这种类型的专访（尽管他们可能喜欢在其他地方读到它）。然而，坚持我们的目标使我们最终的月销量超过最直接的竞争对手100多万份。

有时人们会试图引诱你，或把你推离目标，所以你要坚持立场。“忠于你自己和你所相信的，”前首席执行官鲍比·布朗说，“在我创业初期，我被说服改变路线，推出一系列超级霓虹灯颜色。这是对我的一种公开的阻碍，我抵制了，于是我成功了。这也是我成名的原因。”

一旦你对自己的任务有了信心，就需要确定你采取的第一步，以使这个任务成为现实。同样，这也需要提前做准备。目标是确保沃特金斯所说的早期胜利。他写道：“在最初的几个月结束时，你的老板、同事和下属应该感到一些新的、好的事情正在发生。”不要急于解决容易处理但会影响更重要业务的问题。

“当我加入Jamba Juice的时候，他们的总部刚从加利福尼亚州搬到得克萨斯州，而且只有10%的员工跟着搬了过来，”Jamba Juice的玛丽·佩里说，“所以为这些职位吸引和聘用合适的人才至关重要。我最早的成就之一是确定并组建会计、法律和人力资源方面的顶尖团队。拥有合适的人才已经为公司带来了10倍的回报。”

当然，当你持续研究重要信息时，你的任务可能会改变。记住保持灵活。

领导者要具备的16个大胆的行动

1. 引导和学习。永远不要停止获取信息。向该领域的专家请教，参加研讨会。如果你的预算允许，可以考虑聘请短期顾问。在我担任主编的早期，我花钱请那些经验丰富的文案传授我绝招，这样我就能更好地写出引人注目的封面文章。有一次，我甚至聘请了一位数字命理学家，为我讲解人们对数字的反应（例如，应该是“史上最好的100个技巧”，还是“99个”），不过真没什么作用。

如果你刚入职，一定要投入大量的时间来学习公司的文化。那是怎么做的？禁忌是什么？我见过一些非常聪明、有能力的人在重要的工作中失败，因为他们没有注意到新公司的文化与他们以前工作的地方有什么不同。

2. 作为一个领导者，也要成为一个控球手。每日提前几分钟到公司，不要只是坐在那里，尽可能多地立即做出决定，给出明确的指示（其中要有最后期限）。

3. 把你的老板放在第一位。当你有机会管理一个领域时，很容易在某些时候失去对老板的了解。不！弄清楚老板的优先顺序，确保你和他沟通时用的是他喜欢的风格（例如面对面、电话或电子邮件）。正如迈克尔·沃特金斯所指出的，重要的是，你早期的成功不仅对你重要，对你的老板也很重要。

4. 敢于雇用与你不同的人。你永远不希望下属反对你的目标，但你确实希望下属能给你带来自己不具备的技能、不同的经验和全新的视角。提供明确的方向和期望，给他们尽可能多的自主权，不要限制他们的自由。

5. 公平一些，但不要觉得你必须成为他们中的一员，或贬低自己的力量。一位社会学家曾经告诉我，人们想要被引导。当他们知道有人在领导他们时，他们会感到放松，如果没有这种感觉，他们会感到紧张。

6. 目标是让为你工作的人表现出最好的一面，并奖励他们出色的表现。给他们布置他们会喜欢的任务，分享你的内部想法和策略，表扬他们，书面称赞他们，向你的老板推荐他们的情况，有时还可以用一个礼券或者参加公司的特别活动来奖励他们。当某人真的很优秀的时候，提供一个很棒的新任务或晋升机会。告诉他们“你会做得很好”“去做”。

7. 培养健康的竞争。尽管员工希望你尊重他们，但他们也会在良性竞争中茁壮成长。发送一份备忘录，表扬某位员工的成就。给有伟大想法的人一个机会，让他可以在公司的其他地方展示它。

8. 寻求反馈并劝阻下属不要总说“是”，而且不要总以达成共识为目标。乔治敦大学备受尊敬的语言学教授黛博拉坦纳曾对我说，男性寻求目标的实现和保持上风，而女性则寻求肯定和支持——并达成共识。不要屈服于达成共识的需要。如果你不同意一个建议，简单地说你欣赏对方的意见，但是你可以凭借直觉做出相反的判断。

9. 即时与下属讨论工作表现或行为问题。不要等待，也不要等待问题自动消除。给这个人一个说话的机会，试着找出他的动机，以及你是否没有足够清楚地表达自己的需求。

10. 不要否认那些并不真正赞同你的人。我曾听到一位女性高管提出了一个非常有道理的观点：“为你工作的人不是在划船，就是在背后钻洞。你不能忽视钻洞的人。”

在某些情况下，下属之所以会反对你的计划，仅因为他不喜欢你做老板。也许他比你大得多，或者只比你小1岁，又或者他很难接受女上司。忽视你所受的威胁，向对方承认你看到了反抗，这是不可接受的。有时候，你可以让这种类型的人明白，你的领导能力最终会为他个人带来回报，例如，给他“延伸”的任务，成长的机会。

还有种情况是，某些人困扰于过去做事的方式。遇到抵抗者，你必须告诉他们：“我知道过去做事的方式带有某种安慰，但我们正在改变，每个人也必须改变。”他们可能愿意改变，或者你们都必须承认这不再是一个好的选择。

11. 举行简短干脆的会议。保持会议小规模，只邀请那些绝对有必要参加的人。就个人而言，我从未参加过一个与会者人数超过5人的有效会议。同时，尽可能简短。列出你想要解决的问题，不要被干扰或分心。要求准时，不允许迟到。期待参与，并意识到哪些人偏离了讨论轨道是因为他们没有准备好，可以稍后在私下与他们沟通。

12. 继续在公司内部建立联盟。尤其要联手公司领导和其他部门的同事，因为你现在比以往任何时候都更需要他们。分享你的愿景、指导和信息，支持他们的想法。不要把联盟限制在你的级别或更高的人之间，其他人也值得你花时间去了解他们（这么多年来，我从大楼保安那里得到了许多有价值的信息）。

13. 密切关注老板的任务或目标的变化，并确保你的任务和目标与之一致。

14. 敢于有自知之明。研究表明，成功人士往往把太多的功劳归于自己的成功，把太多的失败归咎于外部。

15. 炒掉那些你意识到永远也帮不了的人，否则他们会拖累你。

16. 展示你的激情。“当你热爱你的工作时，激情是会传染的。”埃伦·马尔穆尔博士说。

最优秀、最勇敢的老板的关键法则

如果有人让我想象一个勇敢的女人在行动，我可能会想象她站在一个房间的前面，吸引了每个人的注意力。也许她在主持一个会议或者做一场演讲，用她的言辞让每个听众都目瞪口呆。

但有一点乍听起来几乎违反直觉。作为老板和领导，你能做的最勇敢的事情之一就是闭嘴倾听。

“当我们成为老板时，我们倾向于认为工作是告诉人们该做什么，就好像我们无所不知。”哈尔·葛瑞格森说。她是麻省理工学院领导中心的执行董事，及斯隆管理学院领导和创新高级讲师。她还说：“我们会想，‘我’必须是对的，老板就是要健谈、能言善辩。”

这样做的问题是，它会把你置于一个好消息的泡沫中，人们会忽视分享虽然不好但十分重要的信息。葛瑞格森告诉我，聪明的领导者会培养深入探究的领导力实践，同时留意被动数据和主动数据。

她说，找出你不知道的，和你不知道自己不知道的，非常重要。下面将提供一些与此相关的策略。

• 练习保持安静。这很有可能不是自然而然的（作为主编，有时我不得不强迫自己闭上嘴巴）。他人说话的时候你要坐着别动，保持眼神交流，点头表示你在专心听讲。

• 不要急着回应。等别人回答完再回应，以防他因为紧张和犹豫，而还有很多话没说。

• 养成问“什么有效”“有什么潜在问题”和“为什么”“为什么不呢”的习惯。

• 做笔记。这就是辉瑞高管萨利·苏斯曼的工作。她说：“记笔记是我所知的最好方法，可以帮我记住重要的想法和关键词。我总是记笔记，并且养成了复习笔记内容和意义的习惯。这在一个更大的组织中尤其有用，在这个组织中，领导者通常扮演着跨职能的角色。倾听跨部门出现的共同问题，可以让你对最紧迫的优先事项形成独特的见解。”

• 当消息不好的时候，避免以消极的、下意识的方式回应。保持中立，询问清楚，让对方可以放心地分享消息。

倾听不仅仅是听别人说话，还是探索和观察。即使消息与你的一些想法背道而驰，你也可以从中获取信息和数据（尤其在你刚上任的时候），并使你保持旺盛的好奇心。

杀死鳄鱼，不忘排干沼泽里的水

本小节标题实际上源自一句美国古老的南方谚语，大意是这样的："当你忙得不可开交的时候，你可能很难记住最初的目标是排干沼泽里的水。"换句话说，你不应该过于关注日常事务，以至于无法实现宏大的目标。忽视这些，你永远不会成功。

我之所以能在《时尚》杂志取得如此大的成功，很大程度上要归功于我每周都坚持这么做。我毫不犹豫地在日历上安排了一段时间，用它尽可能多地了解读者，考虑她们的需求，并决定如何让这本杂志与她们相关，不断地推出新功能和专栏。

你需要每周至少花一小时——我的意思是专心地——来"排干沼泽"，思考你的整体目标和使命，产生能确保其演变和成功的大胆想法，并确保你不会偏离它。在日历上标出这段时间，不要让任何事情干扰你。

成为这个时代的传奇

成功不仅仅来自出色的工作，而且来自做出色的工作。你需要创造一个关于自己的传奇——一个令人兴奋的、引人入胜的传奇，让人们抓住不放。你需要在新的老板角色刚开始的时候就这样做。“过去，你需要第三方来创造你的故事，例如一个公关公司，”公关专家德布·施赖弗说，“但现在你可以成为创造者和传播者。例如，你想被称为‘救助者’吗？还是‘翻身艺术家’？保持一致的形象，在适当的时候在社交媒体上发布关于自己的故事。你需要知道这其中的关键不仅关乎你写了什么，还关乎你遗漏了什么。”

迈克尔·沃特金斯建议利用可教的时间来强化你的故事。他写道：“这些行为清楚地展示了你是什么样的人。这些问题可以很简单，也可以很困难，例如提出尖锐的问题，使你的团队对成员所面临的关键问题的理解更加清晰。”施赖弗说，她认识一个从事体育营销的29岁的人已经被称为“不品牌”，意思是“不符合品牌”，因为那个人总是用“不符合品牌”这个简单的短语来拒绝不符合公司目标的概念。

使用声音片段是另一种强化你的故事的方式，即什么才是你。联合国大使尼基·哈利是这方面的一位特殊大师。在她工作的头几个月里，她干了两件事：“我穿高跟鞋，不是为了时尚，而是如果我发现什么潜在问题，我会用力踏一下。”“对于那些我们不支持的人，我们会给他们起个外号。”

“如果你是一名领导者，你需要学习如何创造简洁的声音片段。”雅各布森集团的高管猎头部门负责人玛格丽特·米尔金特说。

当我回想起我最好的老板时，发现他们都这么做了。声音片段不仅吸引了人们的注意力，还强化了这个人的故事/品牌。例如，当我经营《红皮书》杂志时，凯茜·布莱克接任赫斯特出版公司杂志部门总裁。她在一次管理会议上告诉我们，她打算“把杂志部门窗帘上的灰尘吹掉”。没有具体的细节，只有一个惊人的声音片段。这表明将会出现新的想法和新的经营方式。然而，值得庆幸的是，对我们所有人来说，她的话很有吸引力，使你想跟着她干。

米尔金特的小贴士：

- 避免像“我不是这里的专家，但是……”这样的免责声明；
- 让演讲的内容集中、直接；
- 使用有力的词汇；
- 视觉化。

我上面提到的凯茜·布莱克的话就是一个很好的例子。你要保持头脑清晰，并专注、直观。

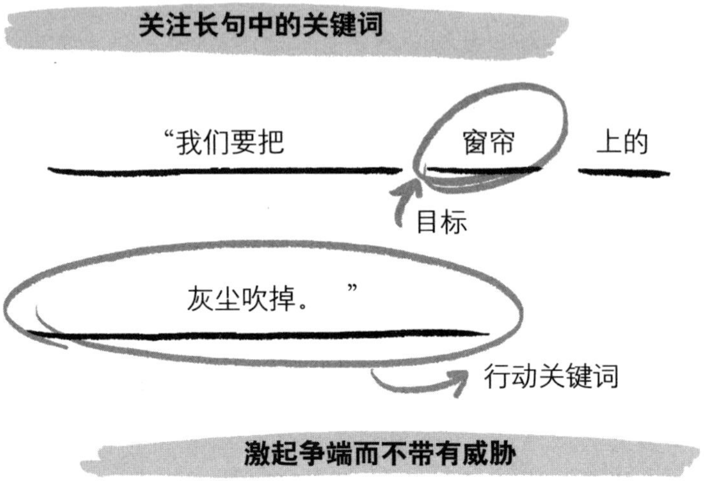

如何成为最好的利剑

在第一章中，我讨论了“4B”的重要性。但还有一个“B”需要讨论，那就是BITCH（泼妇）。在你的职业生涯中，你可能会在很多时候被称为“泼妇”，但当你处于领导角色时，被这样称呼可能是因为你取得了很大的成就。

令人敬畏的格洛丽亚·斯泰纳姆[1]曾经说过，如果有人叫

1　格洛丽亚·斯泰纳姆，美国记者、女权主义者，是20世纪60年代妇女解放运动的代表人物，致力于在媒体上为广大女性发声。

你“泼妇”，你应该说“谢谢”。她的这句话很有道理。女人常常被贴上“泼妇”的标签，并不是因为她们真的是泼妇（那些让下属活受罪的人），而是因为她们率直、果断、意志坚强，在必要时不怕出言伤人。这难道不是我们应该为之鼓掌并感到毫无歉意的事情吗？毕竟，这难道不是领导者应该做的吗？做那个领头的“泼妇”！

如果我们真的能说声谢谢就好了。但不幸的是，在工作中被认为是一个泼妇（我说的不仅仅是一个不满的下属的一番话）可能会适得其反。人们不喜欢为他们认为是泼妇的女人工作。他们会偷工减料，隐瞒关键信息，在公司里说你的坏话，在最糟糕的时候跳槽。但是，另一方面，你也不能让人觉得自己很容易被说服。《高管风度》一书的作者、经济学家西尔维亚·安·休利特表示：“强势和自信是高管应具备的核心特质。但是，自信会让你不招人喜欢，然后就会被骂为泼妇。然而，如果你被认为太温顺，那你也不是当领导的材料。”

男性几乎不会面临同样的挑战。

帕蒂·塞勒斯不仅经营着自己的公司，还负责《财富》杂志最具影响力的女性大会。她说：“相比于女性，人们接受男性行为的尺度就要大得多。”

南希·帕森斯的研究表明，在男人面前表现得过分自信的女人被认为是“自私的泼妇”，而努力说服别人的女人被认为是固执己见。更加极端的是，在男性身上是体贴和保守的特质，到了女性身上则被视为不自信。

你会怎么做？一种选择是愿意尝试，然后修正。塞勒斯表示："这可能不公平，但你不得不调整自己的风格让大家接受。"

但小小的调整不应该导致你压抑个性。高管培训师莉兹·本特利表示："我认为，女性应通过做自己和进入自己的领域来获得权利。我有一个客户，我们称之为'大D'，意思是非常强势和好斗，这对她很有利。同时，你必须注意到周围的人，如果有必要，你还要去改变他们。"本特利为客户提供了两项最重要的指导方针，分别针对这两个领域。她说："做一个有风度的领导者，一个优雅而有尊严地处理问题的人。同时，永远不要表现出你的脆弱。一点自嘲是可以的，但你不可以在上班的时候说'我昨晚和我丈夫大吵了一架'。"

有时你的风格需要根据环境变换。本特利说："如果你面对的是一群脾气古怪的老家伙，你可能会想要低调一些，但如果你面对的是一群千禧一代，你就不必这么做了。"麦当劳美国区总裁简·菲尔兹告诉我，在某种程度上，你如何发挥影响力取决于你想影响谁，以及你需要完成什么。她说："有时候你要表现得像一个魔鬼，有时候你要表现得像一个天使。"

如果你觉得自己没有给人以应有的印象，就向你的导师寻求诚实的反馈。不带偏见地重读对你的评价。和一位高管培训师一起工作——现在有很多不错的培训师，如果你申请的话，你的公司甚至可能会出钱聘请他们。这位培训师能和你一起找到一个最佳位置——一个让你做自己且不会出错的位置。

如果你真的有个“泼妇”的名声，而且这个名声正在损害你呢？可以试试以下这些可以改变看法的策略。

• 幽默。用休利特的话来说，在适当的时候表现得风趣，可以在你必须露出獠牙的时候起到很好的平衡作用。这表明你是一个有人情味、平易近人、意志坚强的人。当然，你的幽默感必须是恰当的，不应该削弱你的权威，且不能以任何人为代价。

• 移情。关心你的下属——当他们生病的时候，当他们的家人生病的时候，当他们面对一个令人不安的个人问题的时候，当一个工作项目因为不是他们自己的过错而偏离轨道的时候。要知道，他们最关心的事情之一就是处理工作和个人生活的交集，如果你能在这方面帮助他们，你就会得到很多分数。

• 手写便条。这些年来，我遇到过很多女上司，她们中的大多数都很棒。在这些了不起的人当中，有几个人有时相当强硬，但我从来没有对她们产生过消极的想法。当我最近在思考她们是如何取得这种平衡的时候，我意识到这群人有一个有趣的共同点：当你做了一件了不起的事情时，她们会手写一张便条来赞美你。每当我收到这样的礼物时，它总是让我大吃一惊，激发我的忠诚。给你出色的下属写些表扬的话。一定要手写的，不能是电子邮件。人们会喜欢它们的，甚至会保留这些便条。

最终，你必须决定要做出多大的妥协，并将其与你的职业目标相平衡。帕森斯指出，经营自己公司的女性更容易做好这一点，因为她们不必遵守组织的规则。具体怎么做取决于你对未来的期望。

当你生气的时候该怎么做

我在媒体行业有一个很好的朋友，她说的一句话我十分喜欢：“凉爽总是胜过炎热。”这句话的意思是，不管你在工作中对某人有多生气，最好保持冷静，而不是大喊大叫、诅咒、责骂、在电子邮件中发泄你的愤怒，或者干脆大打出手。我知道愤怒的感觉。我几乎总是后悔自己屈服于愤怒，提高了声音，让他人有机可乘。

这并不意味着当下属故意表现得粗心大意或懒惰时，你应该抑制自己对他们的不满。但一种冷静、冷酷，有时甚至冷淡的方法可能会有效得多。当你大发雷霆并大喊大叫时，对方很容易产生戒心，无法接受你的愤怒是合理的。我总是能从那些不会大喊大叫的老板身上学到最好的东西，他们会不带感情地表达自己的失望。

当你真的因为某个同事而生气时，你在写邮件发泄的同时，也要注意以下3点建议。

1. 起草邮件时，不要输入收信人的地址。在你完成发泄之前，很容易不小心点击发送。

2. 先睡一觉。至少，先度过几小时，给自己一个冷静下来的机会，带着全新的眼光回到这件事情上。这真的是你想让人知道的事情吗？三天以后你也会有同样的感觉吗？可能的影响是什么？这会不会适得其反？

3. 不要真的发送邮件。如果你有重要的事情要对下属或同事说，最好亲自去做。电子邮件很容易被误解或与他人分享。

相反，利用你创建的电子邮件草稿作为集中想法或释放情绪的方式。然后，安排和这个人面对面交谈。最终，结果可能会好得多。

可以偶尔为之的两个行为

1. 不要总是解释自己。我希望直接下属能向我学习，所以我经常分享自己做决定的理由。例如，为什么我会把某句话突出摆放在封面上，而不是另一句话。

但你并不需要解释或证明所有决定，否则会显得你在退缩。如果你是一个新的领导者，会尤为明显。这表明无论你多么平易近人，你仍然是负责人，而且不是所有的事情都是可以讨论的。另外，不总是给出解释可以让员工保持好奇心。

2. 有时候你可以彻底改变主意。优秀的领导者往往果断行动，坚持自己的选择。但我的一些最好的老板有时会改变主意，颠覆一项已经在进行中的行动。这种行为虽然在当时令人沮丧，但它也使我了解到，领导者有着各种各样的信息来源，而下属并不总是知道这些信息，其中有些数据会迫使他们改变方向。

激发强烈的献身精神

在前面，我简要介绍了十几种老板使用的策略。遵循这些策略，下属就会努力工作，享受其中的乐趣。但我认为，你最终会想从员工那里得到更多，尤其是高层员工。你需要他们的忠诚，你希望他们热爱自己的工作，这样他们才能在工作环境中茁壮成长，不仅能取得好成绩，还能取得优异的成绩。当我在《时尚》杂志工作的时候，我有一个资深团队，他们和我一起工作了很多年，每天都能让我感到轻松愉快。这对我们成为世界第一的女性杂志发挥了巨大的作用。

那么，如何激发人们的强烈奉献精神呢？最近我问前品牌总监约翰·瑟（他和他带领的直接下属都充满奉献精神），他认为其中的秘诀是什么。我爱他的回答："《怦然心动的人生整理魔法》一书的作者近藤麻理惠说，最好的方法是问自己你是保留还是扔掉它，这东西能否使我快乐。"他还说："作为一名老板，或许可以问自己一个很棒的问题：'我的领导力是否能让员工和我都感到快乐和激情？'"

我深以为然。为你工作的人在寻找激情。他们希望对工作环境、你布置的任务、他们为完成任务所做的工作以及工作给他们带来的回报充满激情。所以，问问你自己以下几个问题。

- 我创造了一种人们喜欢参与的文化吗？"你不能否认使人快乐的因素，"鲍比·布朗说，"如果你的员工感到高兴，他们就会做得更出色。我在工作场所创造了一种文化，让人们愿意来工作，并把工作做好。我建了一个健康厨房，举办瑜伽课和健康研讨会，还雇了一名现场美甲师。”

- 我自己的激情会传染吗？你是否让这个任务变得令人兴奋，并清晰地分享了它？你会满怀热情地谈论它吗？
- 你有没有让人们热爱自己的工作？
- 他们是否得到了清晰而令人振奋的回报？

如何在公司之外成名

当你是老板时，你必须全身心投入工作。但要节省时间和精力在你的领域做出成绩，而不仅在自己工作的公司或自己拥有的公司做得出色。

怎么才能做到？“志愿者，”德布·施赖弗说，“贡献你的时间、金钱和才能。加入一个非营利的董事会。在你的工作场所举办一次行业会议，不仅要帮助计划议程，还要主动发言。与其他公司和领域的同行分享和展示自己的才华。消息会传开的。”

如果没有适合你加入的组织，那就成立一个。1994年，瓦莱丽·佩洛维茨——现在是国际控股公司的联合创始人——与一位律师朋友谈论，她很难遇到更多在科技行业工作的女性高管，而且她们只是简单地跟上该领域的所有快速变化，却没有一个组织专门为妇女建立这些联系，所以她决定让科技行业的女性联合起来。“我的朋友把她的公司借给我们当作开会场地，”她说，“第一次开会的时候，我们惊讶地发现，有近200名女性来了解这个组织。”很明显，对于这样的智慧组织来说，存在着真空。该组织的目的过去是，现在仍然是：为妇女提供一个与她们的同龄人交往和了解技术变化的场所。如今，它已拥有2000多名会员，并已向女学生伸出橄榄枝，让她们对STEM［科学（Science），技术（Technology），工程（Engineering），数学（Mathematics）］感兴趣，为科技女性会员提供董事会培训，以及其他与会员相关的职能培训。

你也可以成为其他女性的导师，提供建议和指导。你可以通过电子邮件进行自我介绍，并同意在时间允许的情况下进行探索性访谈。这是一种回报，同时也提高了你的声誉。

在你的职业生涯中，成为董事会的一员是提高你的知名度和地位、获得专业知识的极好途径。现如今，女性只占财富500强公司董事会成员的20%，所以这并不容易。如果能先成为非营利组织的董事会成员，可以增加在以营利为基础的公司获得董事会成员资格的可能性。

最后，建立你在外界的声誉。出差时使用同一组餐厅和同一家酒店，给出数目惊人的小费，也会帮你建立名声。

为什么权利比它看起来更棒

几年前，哈佛大学的一个女性研究小组对4000多人进行了一项多样化的抽样调查，发现“尽管女性和男性都认为自己有能力获得高层领导职位，但男性比女性更渴望这种权利”。他们发现，女性不如男性认为职业权利有吸引力。

研究人员是哈佛商学院谈判、组织和市场部门教授弗朗西斯卡·吉诺，以及同一部门的助理教授艾莉森·伍德·布鲁克斯。针对她们的研究，正在哈佛大学攻读组织行为学博士学位的卡罗琳·韦尔姆斯给出了一种可能的解释：“与男性相比，女性更容易为实现这一目标而做出的牺牲和艰难的取舍感到焦虑。因此，女性可能认为拥有权利相关的目标（如承担高水平职位），会比男性有更多的负面影响（如不允许她们获得生命中其他重要的目标）。这有助于解释为什么高层职位对于女性不像对男性那样有吸引力，即使它看起来同样可行。”

在另一项研究中，研究人员发现，与男性参与者相比，女性参与者认为升职会带来更多的负面结果，这导致她们认为潜在的升职不那么令人满意，也不太可能像男性那样追求升职。

你知道吗？我很同情调查中那些对权利犹豫不决的女性。在我的职业生涯中，我曾有过几次接近担任最高职位的边缘，最后却因恐惧而感到胃部发紧。这不仅是典型的女性对新挑战的恐惧，而且我担心这份新工作会妨碍我实现为自己设定的其他目标，比如做一个好妈妈和好妻子，去旅行，纯粹地享受生活等。

你也担心这个吗?

好吧，这里有一些我想和你分享的东西，一些我从经营过的五家杂志中学到的东西。如果你在内心深处有着那些从外表上看令人畏惧的力量，这其实是非常棒的。是的，它伴随着令人头痛的事情、权衡和牺牲，但它也能带来令人难以置信的回报，能给你一种奇妙的自由感，能让你掌控自己的命运。

你可以发号施令，按照自己的方式做事。当我接手《时尚》杂志的时候，我听说很多员工工作到晚上8点，主编在那之前也很少离开。我有年幼的孩子，不想要那种生活方式。好吧，在我工作的第一个月，我和我的总编辑查看了一下情况，发现加班只是时间管理不善的结果，我们可以调整一下。从那以后，我每天都在一个完全合理的时间离开。

好吧，我承认我很幸运。我在一家很棒的公司工作，那里有很棒的老板，他们让我放手去做。但那些好公司是存在的，你要去主动挖掘，甚至自己创业。

另外，关于经济利益方面，权利也会给你带来不少好处。你有更多的资源可以支配，这是非常有实际价值的。

所以放手去做吧。与其畏首畏尾，不如去争取最高职位，去发现那种纯粹的、荣耀的兴奋感，以及掌控一切所带来的无尽回报。

如果它不适合你，或者你觉得它破坏了你的其他目标，你可以随时离开。

勇敢女性的关键词

- 当你是一个老板或者领导者时，要具备一个清晰、充满活力的目标。
- 奖励出色的员工。
- 多听少说。
- 当你杀死鳄鱼的时候，不忘排干沼泽里的水。及时建立起伟大的想法。
- 愿意调整自己的风格。
- 激发强烈的奉献精神。

♀

第十章

生活指南

Chapter 10

The Gutsy Girl's Guide to Life

到目前为止，我用这本书的每一页来描述如何使用勇敢者的方法，来实现你的工作和职业目标。

但是，我在结束演讲时，不得不提一提“房间里的大象”，这是所有职业女性都在努力解决的问题：如何让你的职业生活不给你的个人生活带来大影响。

我想现在我们都知道保持工作和生活的平衡是一种神话，没有办法完美地平衡这两个方面。工作和生活也有很多重叠之处，并不总是一件坏事（我的孩子们还说喜欢帮助我选择杂志封面照片，让我了解名人的趋势），但你要确保工作问题和完成任务不经常强势进入你的个人生活，劫持你的空闲时间，甚至成为阻止你实现个人目标的关键。

当女性跟我谈起她们在努力保持个人生活的神圣时，她们总会说起所经历的一些困难，尤其是当她们有了年幼的孩子时，对此我真的能感同身受。自从我开始工作以来，我一直试图把我的个人生活放在首位，但在某些关键时刻，这并不容易。在我第一次担任主编时，我儿子才6个月大。我怀着第二个孩子——我的女儿的时候，再次成为另一家杂志的主编。那时已是妊娠第七个月了。在这个过程中有一些非常疯狂的时刻，部分原因是多年来我丈夫一直在晚上工作。

我一直在努力实现我的个人目标和计划，就像实现我的职业目标一样。但事后看来，我应该更勇敢，从我的职业生涯中借鉴更多的策略，真正成为个人时间的老板。

所以不要害羞。不要像我有时那样支支吾吾。要坚持不懈地设计个人生活。在这个舞台上，你也可以使用我在书中列出的所有勇敢女性策略。下面先举几个例子。

定义你的个人品牌，就像你有自己的专业品牌一样。对你来说最重要的是什么？想出你的核心词汇（比如家庭、志愿服务、交叉训练、冥想、学习意大利语），甚至设计一个个人品牌宣言。拿着这个品牌宣言，回顾一下你过去几个月的日程。你是如何安排重要的事情的？如果做得不好，那就努力修复它。将你的个人品牌陈述，纳入你的计划时间和安排一天的方式中。

全力以赴，即使这意味着违反规则。当我30岁出头的时候，我还未结婚，运营着一本杂志的内容部门。我开始渴望环游世界，这也许会花至少一年时间，而且我担心离开久了会影响我的职业生涯（我在最后打破了这种担心）。我妈妈要求我想出一个很酷的替代方案。经过头脑风暴，我意识到花更长的假期去真正有异国情调的地方，可以满足我环球游的愿望。问题是，在我工作的杂志社，包括我的老板在内，没有人休假超过10天。但我决定调查一下是否有可能请超过10天的假期。我去找我的老板，问她如果让我的副手替我值班，她是否愿意让我连续休三个星期。我试图给她留下深刻的印象，因为我工作的很大一部分就是为杂志出点子——我想不断地想出最好的点子，而旅行对我来说是扩展我的世界的绝佳方式。我敢肯定她不喜欢我的计划，但我是个很有价值的不可替代的员工，她答应了。在接下来的几年里，我进行了一些惊人的旅行，包括为世界野生动物基金会在巴塔哥尼亚对企鹅做了几周的标记，以及在南太平洋迷人的拉罗汤加岛，花了三周时间帮助一位教授修复一处考古遗址。

成为控球手。一旦你决定了在个人方面想要什么，那就在你的游戏中去追求它。斯蒂芬妮·利布斯就是这么做的。她意识到，尽管自己热爱纽约市一家公关公司的工作，但她非常渴望在英国生活。问题是，该公司在英国的规模很小，没有职务空缺，通过英国公司找到工作几乎是不可能的。所以，她竭尽全力说服公司让她在伦敦办事处工作。在她的直接经理和导师的帮助下，她花了4个月的时间拼凑出一份提案的框架。她说：“为了进行竞争分析和市场研究，我参考了《公关周刊》和其他行业报告的研究。财务计划有点困难，但我能够对新员工、新员工入职、收入等进行成本估算分析。老板对我印象深刻，因为我至少付出了努力去尝试。”最后的报告有9页。整个过程花了一年多的时间，但收获颇丰，她获得了一份在英国办事处担任客户经理的工作。

寻找机会，然后抓住它们，如果找不到，就创造机会。如果显而易见的方法因为这样或那样的原因对你不起作用，不要轻易放弃。找到一条不同的路线，或者一个至少能让你维持游戏，又或者能让你以不同方式得到想要东西的突破口。下面是我最近在一次会议上听到的一个很好的例子。尽管派蒂·杰金斯曾因执导奥斯卡提名影片《女魔头》而获得好评，但在儿子出生后，她决定暂别导演工作，因为这对她的时间要求很高。但她并没有简单地在家带孩子，而是找到了一个完美的选择：导演电视剧试播集，因为这不需要那么多时间。她在《谋杀》与《背叛》等系列剧中导演的出色的试播集让她的事业火了起来，最终（当她准备好时）获得了导演《神奇女侠》的工作，并取得了惊人的成功。

在某些情况下，一个潜在的突破口可能被伪装成其他的东西。我的一个在私立学校教英语的朋友，最近说服学校资助她在伦敦莎士比亚环球剧院学习一周。这是很好的学习经验，还可以免费出国旅行。

通常你会有机会的，你只需要去寻找它，去追求它。

对重要的事说“是”，对其他的事说“不”。残酷一点，去设定界限。没有人会为你设置它们。如果再次学习钢琴是你的目标之一，确保它就在你每周的日程表上。谢莉·莱利曾是一名营销高管，她曾为亚瑟小子和唐妮·布莱斯顿等明星制定过策略，现在为名人和企业高管提供如何做出较少压力的选择的指导。“我没有把每一分钟都花在工作上，”她说，“而是把空闲时间也列出计划，尤其是周五。这样我就知道有时间坐下来思考或回应一些重要的事情。”

即使再难，也要问问自己想要什么。就像在工作中很难提出要求一样，在个人生活中也很难。我们不想被看作贪婪的人，我们可以想出很多借口来不让别人知道我们的需求。我们认为“没有其他人在做这件事，所以它一定是不可能的”“我自己做会更容易”或者“如果我问他们，他们会生气的”。

不要说服自己不去要求。一些伟大的事情要求：

- 从工作中抽出更多的时间（通常是私下抽出来）；

• 更长的产假（当我成为老板后，我给新妈妈们的产假比我私下里应该给的要长，我不可能是唯一一个愿意这么做的人）；

• 花钱报名可能改变你生活的课程；

• 来自同伴的帮助（我在《时尚》杂志学到的很棒的建议是，当你向男人寻求帮助时，要具体一点，比如“你能帮孩子预约牙医吗”，如果可能的话，可以用便条或电子邮件询问）；

• 来自他人的指导和帮助。

但是，当你提要求的时候，记住要关注你是如何满足别人的需求的，而不仅是你自己的需求。就像在工作中，如果你提出一个要求，其他人会想知道他有什么好处。斯蒂芬妮·利布斯在争取公关公司伦敦办事处的工作时，她的建议的一个关键部分是，强调她对企业实践、目标和伦敦办事处文化的益处。

不要把事情做得太完美。请从我在这方面所犯的错误中吸取教训。当我的孩子还小的时候，在那些疯狂的岁月里，我花了太多的精力在一些事情上，比如摆可爱的桌子；为同伴做复杂的饭菜；当孩子们在夏令营时给他们寄可爱的爱心包裹；当其他家庭拜访的时候，做好一个女主人。我知道孩子们会深情地回忆起我用鲜奶油、覆盆子和蓝莓做的所有美国建国日国旗蛋糕，但我几乎可以肯定买来的他们也会记得！

拥有自己的抱负，做好准备。你幻想有一天能搬到异国他乡吗？那么，你需要考虑可行性，但是不要担心自己是否百分百准备好了。瞄准，开火，准备！

做一个风险代理人。我完全赞成在个人生活中有一个舒适的空间。对我来说，这意味着周末和丈夫一起出去玩，一有时间就去看孩子，在后院吃饭，在网上看英国犯罪剧。什么也不能使我离开那些活动。但是在《时尚》杂志工作，需要经常冒险。它教会了我，冒险虽然是可怕的，但最终的结果往往是令人振奋的。让明智的冒险成为你生活中有规律的一部分。9年前，我和丈夫在乌拉圭的海滩上买了一所小房子，我们现在就在那里过冬。我们确定这是一个明智的冒险，但仍然有点疯狂（不止一个人问我们是否必须飞越刚果河才能到达那里）。然而，每年去那里都是令人兴奋的，这证明了风险可以带来许多好处。

承担风险。事实上，可以考虑每天尝试冒一次险。

记住，改变从今天开始。就在这里，就在现在。不仅在你的工作中，而且在你的工作与个人生活的交叉点。是时候勇敢地闯出一片天了！

致谢

我从心底感谢所有勇敢的女性，她们在我的一生中激励着我、支持着我，给我提供了很棒的有时甚至是糟糕的建议——勇敢的女老师、大学管理人员、老板、同事、编辑、工作伙伴、朋友、弟媳、阿姨、侄女、表姐妹、祖母，尤其是我已故的、了不起的母亲。

感谢凯伦·罗森鲍姆和凯西·施耐德鼓励我修改原著，感谢Garret Speaker International的贝蒂·加斯特支持这个想法，感谢安妮·布鲁斯分享她的智慧。

感谢杰米·拉布在我还没开口的情况下就提出了这个想法，因为她几乎是在同一时刻想到这个主意的，还感谢她把我带回这一领域。

感谢我出色的经纪人桑迪·迪克斯特拉从一开始就鼓励我提出这个想法，并带领我完成了它。

感谢我出色的编辑布列塔尼·麦克纳尼，感谢你的指导和支持，感谢你的梦想。